浙江省普通高校"十三五"新形态教材

U0179604

药物制剂
新技术与新剂型

孙洁胤　主编

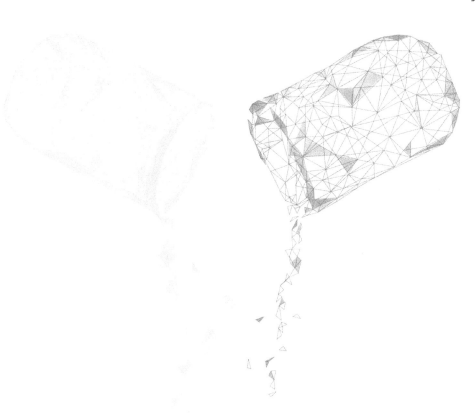

ZHEJIANG UNIVERSITY PRESS
浙江大学出版社

图书在版编目（CIP）数据

药物制剂新技术与新剂型 / 孙洁胤主编. —杭州：
浙江大学出版社，2021.11（2024.4重印）
ISBN 978-7-308-22030-9

Ⅰ. ①药… Ⅱ. ①孙… Ⅲ. ①药物－制剂 Ⅳ.
①TQ460.6

中国版本图书馆CIP数据核字(2021)第239722号

药物制剂新技术与新剂型

孙洁胤　主编

责任编辑　秦　瑕
责任校对　王元新
封面设计　杭州林智广告有限公司
出版发行　浙江大学出版社
　　　　　　（杭州市天目山路148号　　邮政编码　310007）
　　　　　　（网址：http://www.zjupress.com）
排　　版　杭州林智广告有限公司
印　　刷　广东虎彩云印刷有限公司绍兴分公司
开　　本　787mm×1092mm　1/16
印　　张　13
字　　数　253千
版 印 次　2021年11月第1版　2024年4月第2次印刷
书　　号　ISBN 978-7-308-22030-9
定　　价　39.00元

版权所有　翻印必究　　印装差错　负责调换
浙江大学出版社市场运营中心联系方式：0571-88925591；http://zjdxcbs.tmall.com

编委会名单

主　编　孙洁胤

副主编　王乐健　赵黛坚

编　者（按姓氏笔画排序）

王　平（浙江省台州市市场监督管理局）

王乐健（浙江药科职业大学）

孙洁胤（浙江药科职业大学）

李颖芳（浙江药科职业大学）

肖志勇（海尔施生物医药股份有限公司）

赵黛坚（浙江药科职业大学）

屠　冰（浙江药科职业大学）

前　言

为深入贯彻《浙江省教育厅关于加快推进普通高校"互联网＋教学"的指导意见》和《国家职业教育改革实施方案》等文件精神，在浙江省教育厅的指导下，以适应新形势下医药行业高素质技能人才的培养目标为抓手，以富媒体、新形态教材为模式，开展了本教材编制工作。

本教材面向职业本科及高职高专药物制剂技术专业，共14章，不仅对药物制剂研究中新技术、新剂型如增溶、固体分散、缓控释、靶向给药、药物3D打印等各种方面的内容结合实例进行了阐述，还对药物制剂所需的新工艺、设备、辅料进行了说明。

本教材在编写过程中融入了课程思政元素，充分发挥立德树人的教育职能，教材基于"药德、药规、药技"的人才培养理念，让学生在了解制剂生产前沿技术和动态的同时开阔了视野，激发其求知欲，使其具备药物制剂现代化开发和生产的认知基础。

本教材为富媒体新形态教材，即纸质教材和电子资源、数字化教学服务有机融合，使教学资源和手段更加多样化、立体化。

本教材编写分工如下：第一至五章由王乐健编写，第六到八章由赵黛坚编写，第九至十一章由李颖芳编写，第十二、十三章由孙洁胤、肖志勇编写，第十四章由屠冰、王平编写。

本教材在编写过程中得到了浙江省药品监督管理部门和浙江医药高等专科学校领导的关心和支持，吸收了国内外专家、学者、企业的研究成果，参考了大量的文献、著作、教材和数字资料，在此表示衷心感谢。由于编者水平和客观条件所限，本教材尚存在不足和疏漏，恳请批评指正。

编　者

目　录

上篇：药物制剂新技术

中篇：药物制剂新剂型

下篇：制剂生产新技术

参考文献

药物制剂新技术

上 篇

◎ 全书课件

第一章 难溶性药物增溶技术

在药品的开发过程中，有一个非常重要的问题是开发者必须关心的——药物达到治疗效果所需要的最低溶解度是多少？也就是说，药物被吸收利用的剂量是否能够达到所需效价，这受溶解性和渗透性两大因素共同影响。由于药物分子必须以溶解形式穿过生物膜，药物水溶性差则会延迟或限制跨膜转运，所以溶解性是成药的前提条件。低溶解度往往会对药剂开发产生许多影响。如不能制成静脉注射剂型或溶液剂型，口服后生物利用度差，测定结果准确性不够易产生偏差，成药性差，制剂开发困难，以及患者频繁高剂量用药等。然而在化合物筛选时，对药理活性的筛选往往优先于成药性相关的特性筛选，最常见的就是溶解性不够。许多药理活性强的药物为水难溶性药物，如辉瑞自20世纪 90 年代后期注册的有超过 1/3 化合物溶解度低于 5μg/ml。要将这些药物制成适合的制剂产品并具有良好生物利用度，则需要在剂型、处方和工艺上进行精心设计，以解决其水难溶性的问题。[1]

◎ 成药性与溶解度和渗透性的关系

对于通过胃肠道给药的药物，低溶解速率同样会导致其生物利用度低。因此改善药物溶解性除了考虑溶解度的提高，还要考虑溶解速率的增加。如微粉化技术虽然不增加平衡溶解度，但通过增大比表面积加快了药物的溶解速率，从而改善了口服药物的吸收效果。

常见的增加药物溶解度或溶解速率的方法包括合成水溶性前体药物、选择合适的晶型、增溶、助溶、潜溶、微粉化、环糊精包合技术、固体分散技术，以及采用微粒给药系统（如混合胶束、微乳、脂质体、纳米给药系统等新剂型）等[2-3]。

第一节　水溶性前体药物

前体药物（prodrug），也称前药、药物前体、前驱药物等，是指药物经过化学结构修饰后，在体外无活性或活性较小，在生物体内经酶或非酶的转化转变成具有药理作用的化合物，最初由 Albert 于 1958 年在英国《自然》杂志上发表文章提出。

一、设计前药的目的

1. 合成水溶性前药，增加溶解性，改善生物利用度。如抗癌药物紫杉醇的水溶性很差，影响制剂的制备和药效的发挥，将其制成易溶的前药紫杉醇氨基酸酯则可增加溶解度，从而可制成注射剂。

2. 干扰转运特点，使药物定向靶细胞，加强靶向性。如哺乳动物肝细胞膜上的去唾液酸糖蛋白受体 (ASGP-R) 能专一性识别分子末端带有半乳糖残基的糖蛋白，并与之结合，将其定向转运到肝细胞内的溶酶体进行代谢。因此将药物与带有半乳糖残基的蛋白偶合，可提高药物的肝靶向性，提高治疗指数。

3. 增加药物的代谢稳定性。酚羟基通过修饰变为前药避开首过代谢后，可缓慢水解掉前药基团，释放出游离酚，延长药物在体内的半衰期。如班布特罗是特布他林的前药，通过对特布他林的酚羟基修饰，半衰期从 2.9h 改善为 17h，是原来的近 6 倍，给药次数从一天 3 次改善为每天 1 次，提高了患者服药的依从性。

4. 降低药物的毒性、副作用或不适气味。

5. 适应剂型需要。

二、合成水溶性前体药物的主要方式

将难溶性的弱酸、弱碱性药物制成合适的盐，可以提高药物的溶解度。如抗癌药槲皮素与 L-精氨酸反应形成槲皮素精氨酸复合物，可显著提高槲皮素的溶解度，从而提高药物在体内的吸收和生物利用度。吡罗昔康可离子化为两性离子（$pKa_1 = 1.86$，$pKa_2 = 5.46$），在极性和非极性介质中溶解度都很低，较低的亲脂性使其渗透能力较弱。将其制成乙醇胺盐后，可以缩短起效时间，提高生物利用度，增强吸收效果。

糖精是一种弱酸，可与水难溶的药物形成糖精盐，从而增加药物的溶解度。与糖精成盐不同，共结晶是依靠氢键作用结合在一起，每种物质各自保留自己的物理特性。形成糖精盐则主要依靠质子化作用使活性药物成分和糖精结合在一起。氟哌啶醇、米氮平和奎宁等水难溶性药物与糖精成盐后，其溶解度分别由成盐前的 <0.01mg/ml、<0.05mg/ml 和 <0.10mg/ml 变为 6.08mg/ml、2.08mg/ml 和 5.40mg/ml。

药物通过分子结构修饰形成以共价键结合的亲水性大分子或与无机酸成酯，可显著改善其在水中的溶解性，进而改善其生物利用度和提高疗效。有研究表明，在难溶性药物分子中引入亲脂基团，药物脂溶性增加的同时，水溶性降低，并不能改善吸收，但此时若再引入氨基酸分子制备成水溶性前药，药物的吸收可显著增加。如抗癌药依托泊苷因难溶于水影响其临床应用，将其制成磷酸酯前药，与原药相比，在人体内的吸收，无论在高剂量或低剂量下，前药较之原药的生物利用度皆有约 19% 的提高。

对于叔胺类药物，同时进行 N-烷基化和成盐处理使之变成季铵盐可以提高叔胺的溶解度，且生成季铵盐后，其水溶液中溶解度基本不受 pH 影响。将布吡卡因转化成 N-甲基布吡卡因盐酸盐后溶解度最大，在 pH 为 1 和 pH 为 8 时，同布吡卡因相比，溶解度分别增加了 35 倍和 3200 倍。

第二节　晶型、无定形与共晶

固态是物质的几种存在方式中最为常见的状态。大部分已经上市或正在研发的药物都是固体制剂。即便以液体或半固体上市的产品，其活性药物成分（API）也往往采用固体形式生产和贮存。这是因为固体相比于液体，能够结晶纯化、容易处理，且化学稳定性更好。

一、不同类型的药用固体

固体具有不同的外在或内部结构，可依据其结构的不同对固体进行分类（图 1-1）。当颗粒的内部结构一定时，外在不同是指形状、晶癖和多形性的不同。固体的内部结构根据长程有序及周期性的不同，可以分为三类：①无定形固体在三维方向均无长程有序性，但可能存在短程有序性；②液体晶型仅在一维或二维具有长程有序性，其性质介于普通的液体和固体之间；③结晶固体在三维均具有长程有序性，大部分药用固体属于结晶固体。

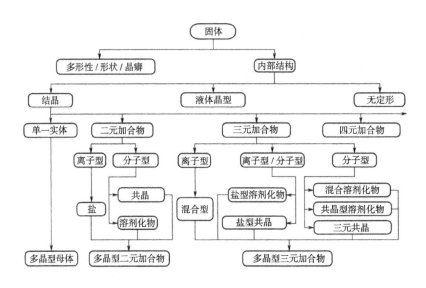

图 1-1　药用固体的分类

二、晶型

晶型是指结晶物质晶格内分子的排列形式。同一种物质的分子能够形成多种晶型的现象即称为同质多晶现象。多晶型具有不同的分子排列（晶体结构），但仍具有相同的化学组成。药物形成多晶或伪多晶的现象非常常见。当物质被溶解或熔融后晶格结构被破坏，多晶型现象也就消失。

多晶型对于处方研究具有非常重要的意义。多晶型中热力学最稳定的一种称为稳定型，而其他的晶型都划归为亚稳定型。除热力学稳定性的差异以外，稳定型和亚稳定型在其他理化性质方面如熔点、密度、溶解度、溶出速率、可压性、吸湿性、物理稳定性和化学稳定性等都可能存在或大或小的差异。

琥珀酰磺胺噻唑是阐释多晶型复杂性的一个非常好的例子。它至少可形成 6 种无水晶体、三种一水晶体，还有一种丙酮化物和一种正丁醇化物。6 种无水多晶型之间的溶解度差异达 4 倍之多，无水晶体和含水晶体的溶解度相差 12 倍。

溶解度高和溶出速率快的晶型可能具有显著优于其他晶型的口服生物利用度。虽然溶解迅速的晶型具有临床优势，但是溶解度高或溶出速率快的晶型通常处于亚稳定态（高自由能形式），随着时间的延长具有转变成热力学更稳定晶型的趋势。固体形式的转变受多种因素的影响，如所用溶剂、相对湿度、温度、机械搅拌等。从亚稳定晶型向稳定型晶型的转变可能降低药物的口服生物利用度，从而导致产品质量的不稳定性。因此，各公司一般倾向于选择热力学最稳定的晶型进行开发。值得注意的是，即使选择稳定晶型进行开发，晶型转变仍有可能发生。在一般的制剂工艺过程中，如粉碎、湿法制粒、干燥和压片过程中存在溶剂、高温、高压的情况，都应当注意是否可能存在晶型转变。

三、无定形

无定形是一种特殊的晶型状态。过去通常认为无定形状态不存在晶体结构中明确的晶格或者晶格的紧密连接。然而近几年的研究表明，无定形状态并不一定是完全不具有结构的。无定形状态与晶型的显著差别是不具有三维空间的长距离周期性结构，但是可能具有短距离的三维周期性结构。

药物无定形结构的物理性质与晶型结构差异很大。由于其具有极高的自由能，无定形结构可能很大程度地影响产品的稳定性、相容性、溶出速度、吸湿性和溶剂吸附倾向性等性质。所以，对无定型原料制成的产品，在工艺和存储条件也有相应的要求。

四、共晶

共晶过去也被称为分子复合物，其定义一直存在一些争议。定义普遍认为共晶是一种结构均一的结晶性分子加合物，表观中性且室温下为固体。共晶由两个或多个分子在同一晶格中通过一定作用力形成规则排布，这种作用力为分子间作用力而不是共价键或离子键。分子一般可分为活性药物成分和共晶配体，共晶配体非溶剂且不易挥发。共晶与盐的不同之处在于，共晶分子间通过超分子相互作用（而不是离子相互作用）结合在一起。

共晶是改变一些药物溶解度、熔点、引湿性、压缩性、密度等理化性质的有效途径。与单组分多晶型相比，共晶具有更好的稳定性、溶解性和可加工性。通过药物共晶可以改善药物水溶性、渗透性和稳定性，受到业内广泛关注。

FDA（美国食品和药物管理局）关于共晶形式药物的指导原则中规定，申请人需要证明：晶格中同时存在活性药物成分和共晶配体；如果原料药和共晶配体都具有可离子化的官能团，那么原料药成分和共晶配体共存于非离子相互作用的共晶中；确保活性药物成分发挥药理活性作用前与共晶大量分离。符合上述条件，并且药理学方面可接受的共晶配体形成的共晶，可被称为药物共晶。

五、药物多晶型对药效和理化性质的影响

一般来说，药物的稳定型结晶较亚稳定型结晶有更高的熔点和稳定性，以及较小的溶解度和溶出速率，如吲哚美辛、布洛芬、卡马西平、无味氯霉素、醋酸可的松等均有类似情况。

无定形在多数情况下较晶型有更好的溶解度、溶出速率和生物利用度，是药物亚稳状态下最有利于提高药效的一种存在形式，是改善难溶性药物理化性质的重要手段之一。无定形溶解所需能量较低，可以在提高溶解度的同时也不降低药物的渗透性。例如，AstraZeneca 的 Accolate®（扎鲁司特）片剂中含有无定形 API，且在生产和储存过程中是稳定的。又如，美国药典规定头孢呋辛酯的原料应采用无定形原料。对于低溶解度的药物，也可以考虑制备成无定形固体分散体。固体分散体将在后续章节讨论。

无定形是粉针剂和多肽类药物的最常见晶态。为了稳定药物的无定形状态和抑制无定形药物在其固态或水相状态下结晶，通常会将赋形剂或抑晶剂引入多组分无定形系统（无定形分散体）中以强化无定形药物的稳定性，同时又可以改善无定形药物的功能性和可操作性，例如改善黏性、粉末流动性、吸湿性等。

无定形态药物有更高的能量状态，受到多种因素的影响，有可能向其热力学更稳定的晶态发生转变，从而失去其原有的优势。

影响无定形药物临床使用价值的主要因素是它们的加工稳定性和贮存稳定性问题。此外，某些无定形粒子松密度较小，表面自由能高，在生产过程中易造成凝聚、流动性差、弹性变形性强，且在溶解后容易形成过饱和状态导致药物析出影响药效等一系列问题，在使用时应加以注意。

六、无定形药物的制备方法

晶态药物转变成无定形态需要破坏其原有的有序晶体结构，有多种制备方法可以实现这种转变。无定形态药物的制备方法是影响无定形态药物稳定性的重要原因之一，所以在制备无定形态药物时，选择合适的制备方法十分重要。

常用的无定形制备方法主要包括以下两种。

（一）从液态至固态无定形——冻结紊乱

该方法包括喷雾干燥（雾化）、冷冻干燥、热熔挤出、超临界流体、溶剂沉淀法等方式。

喷雾干燥法是无定形态药物工业化生产中常用的技术方法，把不同类型的多晶型药物溶解到有机溶剂当中，然后借助喷雾干燥的装置，将液料喷成雾状，使其与加热气体接触而被干燥，快速去除有机溶剂，可获得药物的无定形态。采用此方法制备无定形态药物，需要考虑的因素有溶剂的类型、溶剂的溶解能力以及干燥条件等。喷雾干燥法虽然在制剂工业上应用广泛，但是溶剂残留问题依然不容忽视，溶剂残留可能导致药物和高分子材料之间发生相分离行为，影响其物理稳定性；同时残留溶剂因为其毒性也可能带来安全性问题；易燃易爆的溶剂在喷雾干燥的过程中应选择防爆的装置进行生产。

冷冻干燥法在处理热不稳定的物料方面具有天然的优势，此方法将含有药物和载体材料的溶液或者混悬液进行冷冻处理变成固体，然后再降低压力，在一定温度下使样品中原本的溶剂或水以固体升华的方式去除。冷冻干燥法制备无定形态药物的过程比较温和，最大限度地保持了物料原有的固体结构和形状，适合热不稳定的药物制备无定形态药物。

超临界流体方法也是制备无定形态药物的常用方法。超临界流体既具有液体的性质，药物和载体材料在其中具有高溶解度，同时也具有气体的性质，其自身容易从体系移除，也有利于体系中其他有机溶剂同时去除。超临界流体法制备无定形态药物一般选择二氧化碳为辅助溶剂。二氧化碳作为溶剂安全性高、容易获得、价格便宜、回收方便，而且可防止产物被氧化，适应于热不稳定或者遇水易降解的药物，但该方法需要用到特殊设备，在压力可控的安全环境下进行。Kim 等通过喷雾干燥法和超临界溶剂沉淀法 (SAS) 分别制备无定形态阿伐他汀，这两种途径得到的无定形态药物的生物利用度均高于晶态药物，但在 SAS 法条件下。药物粒径更小且较为均匀，且在大鼠体内的生物利用度是喷雾干燥法条件下的 1.5 倍。

溶剂沉淀法是制备无定形态药物的常用方法，该方法前期处理和喷雾干燥法一样，先将药物和载体材料溶解到有机溶剂当中，再通过向饱和溶液中添加适量不溶的溶剂，使药物和 (或) 载体材料快速沉淀而获得无定形态药物。与其他的方法比较，该方法操作简单，成功率高，适用于多种类型的化合物。例如采用超声沉淀法制备纳米级别无定形态头孢呋辛酯，得到的药物粒径小且均匀，可以达到理想的溶出和吸收效果。而采用无超声沉淀法或喷雾干燥法制备的无定形态头孢呋辛酯，虽然可以获得无定形态药物，但是药物粒径不均一，且粒径较大的粒子容易聚集，因此改善药物溶出和吸收性质的效果不及超声沉淀法。溶剂沉淀的方法在无定形药物制剂工业化生产中也有应用。罗氏公司用于治疗晚期转移性或不能切除的黑色素瘤的维罗非尼片 (商品名：Zelboraf ®) 即采用药物和高分子材料共沉淀的方法制备。

需要注意的是，晶体药物在制剂过程中，特别是湿法制粒、包衣或者流化床微丸上药过程中可能接触到溶剂。晶体药物可能会溶解（或者部分溶解）到溶剂中，在再干燥过程中，溶液中的药物很容易发生重结晶而转变成其他晶型或者部分转变为无定形。

（二）直接从固态晶型至固态无定形——诱导无序

该方法包括采用球磨和冷冻研磨。

对药物进行粉碎，是减小药物粒径、增加比表面积的常用方法。其中研磨是粉碎中常用的手段之一。然而研磨过程将对体系引入机械能和热能，机械力和热能有可能诱导晶型转变。一方面研磨过程有可能诱导一种晶型直接向另外一种晶型发生转变，另一方面也有可能打破晶格的结构，使晶态药物转变成无定形态药物，或者通过转变成无定形态药物重结晶进而转变成另外一种晶型。

通过研磨直接诱导晶型转变已发表了广泛的研究成果。如：Chan 等将 32 种具有多晶型的药物通过研磨实验来测试研磨对晶型转变现象的影响，结果发现其中 11 种药物会发生晶型转变。固体药物在研磨过程中的转晶受到很多因素的影响，如温度、晶种和添加物等。研磨法包括球磨法和冷冻研磨，这两种方法都被研究证明可以用来制备无定形态药物。LIN 等人以 23 种晶态物质为模型药物，通过冷冻研磨的方法可以将部分药物完全变为无定形态，比如甲氰咪胍经过 180min 的冷冻研磨，晶态药物完全变为无定形态，但是对于萘普生，经过 240min 的冷冻研磨，依旧有晶态药物的存在。将不同药物的性质以及制备参数进行比较发现，影响无定形药物研磨制备的因素主要有 7 种，包括药物的玻璃化转变温度、熔点、融化焓、晶体密度、杨氏模量、摩尔体积、内聚能等，这些因素都会影响冷冻研磨将晶态药物变为无定形的效率。

第三节　调节 pH、成盐、增溶、助溶和潜溶剂

通过调节 pH 和成盐，采用增溶技术、助溶剂和潜溶剂可以达到增加溶解度的作用，是制剂中常用的改善溶出度的方法之一。

一、调节 pH 和成盐

相当一部分药物是弱酸、弱碱或它们的盐，这些化合物的溶解度受水溶性介质的 pH 值以及溶液中电解质的影响。对于非解离型（游离型）和解离型（盐型）药物，固有溶解

度和电离平衡决定了药物溶解度依赖 pH 的程度（图 1-2）。

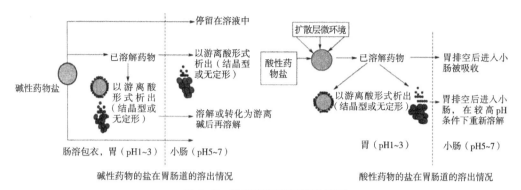

图 1-2 盐在胃肠道的溶出情况

例如口服抗凝药达比加群酯（Pradaxa®）胶囊中，主药为达比加群酯甲磺酸盐，在 pH > 4.0 的介质中几乎不溶。而酸性环境有利于达比加群酯的溶出和体内吸收。因此在处方和工艺设计中，采用了在胶囊内部装填酒石酸颗粒的策略。酒石酸就相当于是药物溶出的"启动子"，药物和酒石酸颗粒之间则采用水溶性隔膜进行隔离。

◎ 成盐案例分析

二、通过表面活性剂增溶（胶束增溶）

表面活性剂为两亲性分子，分子结构由亲油基团和亲水基团组成，能显著降低液体的表面张力，在溶液中达到一定浓度后可自发形成一种聚集结构——胶束，增加某些难溶性物质在溶媒中的溶解度，并形成澄明溶液。表面活性剂分子在溶剂中缔合形成胶束的最低浓度即为临界胶束浓度（CMC）。具有增溶能力的表面活性剂称增溶剂，如吐温类、司盘类、十二烷基硫酸钠等。一些挥发油、脂溶性维生素、甾体激素等难溶性药物，都可以借此方法来提高药物浓度形成澄明溶液。

从增溶角度看，药物分子可与胶束相互作用形成可溶性的药物"实体"。胶束增溶机理常可分为两相模型和质量模型两种。两相模型认为药物插入到胶束的内核。质量模型认为药物与胶束发生可逆结合并形成聚集物。

两相模型，又称相分离模型，该模型认为在水溶液中，当表面活性剂浓度高于 CMC 时，其分子依赖范德华力作用而自发聚集形成胶束。胶束相与水相组成溶液中的两相，且只有当表面活性剂浓度高于 CMC 时，才能形成胶束。当表面活性剂浓度高于 CMC 时，非极性疏水药物可嵌入胶束的疏水性内核而被增溶。由于药物分子与表面活性剂单体的相互作用可忽略不计，所以当表面活性剂浓度低于 CMC 时，药物在溶液中的溶解度即为其本身的固有溶解度。浓度高于 CMC 时，随着表面活性剂总浓度的增加，胶束形成数量增加，增溶能力增加，从而使药物总溶解度呈线性增加。但实际上其增加程度也易受表面活性剂浓度、胶束形态以及胶束聚集数目等因素的影响，线性增加的程度也会受到影响（图 1-3）。

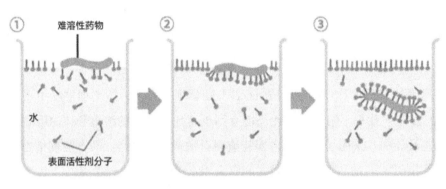

图 1-3　增溶的原理

根据质量模型，"n" 个表面活性剂单体和胶束之间存在自组装。表面活性剂溶液中药物与自组装表面活性剂 (self-associated surfactant) 间存在多重平衡。该模型需要计算各种表面活性剂的平衡常数。因此相对而言两相模型在描述表面活性剂增溶上更为简单易行。

在选择增溶剂时应慎重，首要考虑有没有毒性，是否会引起红细胞破坏而产生溶血作用；还需要考虑增溶剂的性质是否稳定，不能与主药发生化学反应。有些增溶剂会降低杀菌剂的效力（如吐温），有的还会使口服液制剂产生不良气味。内服制剂和注射剂所用的增溶剂大多属于毒性较低的非离子型表面活性剂。

增溶剂可防止或减少药物氧化，这是由于药物被包裹在胶束中，与氧隔绝。大多数药物加入增溶剂，可以增加吸收而增强生理活性，但并不是所有药物被增溶后生理活性都增加，如水杨酸类被增溶后反而吸收下降，原因可能是药物进入增溶剂胶团中使溶出受阻。

表面活性剂应用于口服固体制剂，除有增溶作用外，往往也因为改善固体润湿性而使崩解效果增强，而崩解后的颗粒又因表面活性剂的作用而不致絮凝，从而从多方面改善溶出效果。

三、助溶

助溶是指当加入第三种物质时，能显著增加难溶性药物在水中的溶解度。这种物质被称为助溶剂。助溶与增溶不同，其主要区别在于加入的第三种物质是低分子化合物，而不是胶体电解质或非离子表面活性剂，如苯甲酸钠、水杨酸钠、乙酰胺等。

常用的助溶剂主要分为两大类：一类是某些有机酸及其钠盐，如苯甲酸钠、水杨酸钠、对氨基苯甲酸等；另一类是酰胺类化合物，如尿素、烟酰胺、乙酰胺等。因助溶机理较复杂，许多机理至今尚不清楚，因此，关于助溶剂的选择尚无明确的规律可循。一般只能根据药物的性质选用与其能形成水溶性的分子间络合物、复盐或缔合物的物质。助溶剂不是表面活性剂，不能形成胶束，是其与增溶剂的本质区别。

咖啡因与助溶剂苯甲酸钠形成苯甲酸钠咖啡因，溶解度由 1:50 增大到 1:1.2。茶碱与助溶剂可形成氨茶碱，溶解度由 1:120 增大到 1:5。如以碘化钾为助溶剂，能与碘形成络合物 KI_3，增加碘的溶解度，配成含碘 5% 的水溶液。聚乙烯吡咯烷酮（PVP）常能与药物发生缔合作用而有助溶作用，并阻止药物结晶沉淀，在药物制剂中被广泛使用。但应注意，药物在 PVP 的影响下，有时会发生晶型的改变。

四、潜溶剂

潜溶剂（cosolvent）是混合溶剂的一种特殊的情况。药物在混合溶剂中的溶解度一般是各单一溶剂溶解度的相加平均值。混合溶剂中各溶剂在某一比例时，药物的溶解度相比在各单纯溶剂中溶解度出现极大值，这种现象称为潜溶，这种溶剂称为潜溶剂。

（一）潜溶剂增加溶解度的机理

潜溶剂机理是两种溶剂间形成氢键缔合或潜溶剂改变了原来溶剂的介电常数，形成了增加难溶性药物溶解度的混合溶剂。由于存在氢键供体和/或氢键受体，潜溶剂通常具有一定的极性，并能与水混溶。潜溶剂能提高药物溶解度主要是由于水溶性介质中，潜溶剂结构中的短烃链部分能抑制水分子挤压非极性溶质（药物），同时溶剂-溶剂间的相互作用减弱，从而导致溶剂表面张力、介电常数及溶解度参数的变化。

（二）常用潜溶剂

能与水形成潜溶剂的有乙醇、丙二醇、甘油、聚乙二醇等。1,2-丙二醇是常用的注射用有机溶媒，与水可任意混合，注射给药毒性较小，缓慢静注时耐受剂量大，且能使其成品具有长效性。

潜溶剂的作用受药物及潜溶剂本身的性质的影响，采用适当的潜溶剂-水混合溶剂比采用纯溶剂能显著地提高药物溶解度。若选用不当，潜溶剂也可能降低药物的溶解度，如采用乙醇作为潜溶剂反而不利于对羟基苯甘氨酸的溶解。

（三）潜溶剂的应用

甲磺酸非诺多泮注射液（CORLOPAM®）的主药非诺多泮为疏水性物质，难溶于水，且本身易水解，用注射用水作为溶媒不能很好地满足要求。但当采用1，2丙二醇-水（1∶1）作为潜溶剂，则溶解度大大提高，并且提高了主药的稳定性，可以制成含非诺多泮10mg/ml的注射剂。

尽管潜溶剂能极大提高药物溶解度（几个数量级），但通常具有一定的毒性，尤其是浓度较高时，应用受到限制。同时药物在潜溶剂中的溶解度远大于在各单一溶剂中的溶解度，因此稀释后易导致药物析出。

五、组合方法

以上常用方法，包括调节pH和成盐、络合作用，或使用潜溶剂、表面活性剂等，均能提高难溶性药物的溶解度。然而实际工作中，单独采用一种增溶方法通常不能将药物溶解度提高到预期水平。而联合应用两种或两种以上增溶方法常能产生协同作用，更好地提高药物溶解度，具体增溶程度视不同组合而异。

（一）胶束与络合组合

水溶液中络合剂、表面活性剂和药物间可存在多种相互作用（平衡），包括表面活性剂和药物竞争性地与络合剂形成络合物，表面活性剂单体、胶束和被胶束增溶的药物间的平衡等。胶束与络合作用组合的相-溶解度曲线比较复杂，受多种因素影响。然而如果知道药物、络合剂和表面活性剂间的二元相互作用参数，实际工作中仍可预测和描绘药物的相-溶解度曲线。

（二）潜溶与络合组合

络合和潜溶剂对药物增溶作用的组合效果可以是协同的，也可以是拮抗的。联合使用潜溶剂和络合物时，需考虑以下因素：①由于潜溶剂的增溶，可发生络合作用的游离药物浓度增加，导致药物的溶解度协同增加；②形成可溶性的药物配体-潜溶剂三元络合物，导致药物的溶解度协同增加；③潜溶剂与药物竞争形成络合物，导致药物解度降低；④在潜溶剂中，药物配体的表观结合常数可能会减小。因此，潜溶和络合作用的组合对药物溶解度的影响需具体情况具体分析。

第四节 微粉化

固体的微粒学性质,如比表面积、粒径、颗粒形状等,对固体口服剂型的生物利用度、成型性能、物理稳定性以及化学稳定性具有深远的影响。根据 Noyes-Whitney 方程,固体的溶解速率与其与溶出介质接触的表面积成正比。药物粒径减小,比表面积增大,可显著提高水难溶性药物的溶解速率和生物利用度,从而直接影响疗效。因此,减小粒径以增大比表面积的方法长久以来一直用于提高难溶性药物溶出速率和生物利用度。此外,粒径、颗粒形状和比表面积对成型性能和药物制剂的产品质量也具有重要影响。对于低剂量药物的直接压片处方,含量均匀度是需要特别关注的问题,药物的粒径必须足够小,其含量均匀度才能符合要求。固体的粒径和形状还可能影响粉末的流动性。许多药物活性成分为针状结晶,难以过滤,且流动性很差。将长的针状晶体进行粉碎可以提高流动性,改善产品的含量均匀度。

微粉化技术在制剂中的运用比较广泛。对于难溶性药物,首选通过微粉化技术达到增加溶出的目的。微粉化的传统方法一般是通过研磨过筛以获得微粉化的药物粒子,但在研磨过程中产生的局部过热现象会使一些药物分解,而且产生的粒子粒径分布较宽,部分药物还存在静电作用大的问题。采用一些新型的微粉化方法可以避免局部过热和静电问题。目前气流粉碎机是工业化生产中最常用的微粉化手段之一。

◎ 气流粉碎机介绍

药物微粉化后,粒径最小可小到 100nm 左右。当药物粒径达到纳米级时,由于其本身具有量子尺寸效应和宏观量子隧道效应等,除溶解度大大增强外,会展现出许多特有性质。尽管药物微粉化有许多优点,但粒径不应追求越小越好,而应当与制剂特性匹配。粒径过小时,可能产生静电和黏附,使流动性问题更加严重。由于颗粒之间的黏附作用与重力作用相当,粒径小于 10μm 的颗粒难以通过孔口。在压片过程中,粉体流动性差往往会导致较大的片重差异和可压性变差。因此,需要全面地认识微粒学性质如何影响制剂的含量均匀度、溶出度和大生产化。

第二章　固体分散技术

为提高难溶性药物从制剂中的释放速度，改善其生物利用度，以往多采用传统的机械粉碎法或微粉化等技术，使药物粒径减小，比表面积增加。如果将药物制成固体分散体，将药物高度分散，以分子、胶体、微晶或无定形状态，高度分散在水溶性的载体中，则可明显改善药物的溶出与吸收，从而提高其生物利用度，是一种制备速效制剂的新技术。如将药物分散在难溶性或肠溶性载体材料中制成固体分散体，则可具有缓释作用。

第一节　固体分散体的概念、分类与特点

一、固体分散体的概念

固体分散技术是指把固体药物高度分散在固体载体（或基质）中的技术。实际制备时，通常将一种难溶性药物以分子、微晶或无定形状态分散在水溶性载体材料或难溶性、肠溶性材料中制成固体分散体。

目前已有多种利用固体分散技术生产且已上市的产品，如伊曲康唑、利托那韦等。

二、固体分散体的分类

固体分散体可分为低共熔物、固态溶液、微晶分散体三类。其中固态溶液又可分为置换型晶体固体溶液、间隙型固体溶液、无定形固体溶液。

三、固体分散体的特点

固体分散体具备如下特点：①不同性质的载体使药物在高度分散状态下，可以达到不同用药目的。②将药物分散在亲水性材料中，可增加难溶性药物的溶解度和溶出速度，从而提高药物的生物利用度。③药物分散在难溶性载体材料中，可达到延长和控制药物释放的目的。④利用载体的包蔽作用，可延缓药物的氧化和水解、掩盖药物的不良气味

或减小药物的刺激性。⑤可将液体药物固体化，缺点是药物的分散状态稳定性不高，贮存过程中易发生老化现象。固体分散体的分类如图 2-1 所示，亲水性载体制备固体分散体的机理和作用如图 2-2 所示。

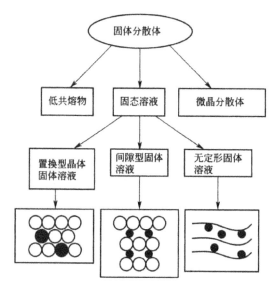

图 2-1　固体分散体的分类

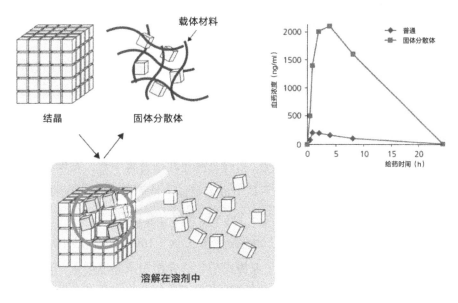

图 2-2　亲水性载体制备固体分散体的机理和作用

第二节　固体分散体的作用机理

一、速效作用

固体分散体的速效一方面受药物高度分散状态影响，另一方面也受载体材料的影响。

（一）药物分散状态对溶出的影响

药物在固体分散体中所处的状态是影响药物溶出速率的重要因素。药物以分子状态、胶体状态、亚稳定态、微晶态以及无定形态在载体材料中存在，载体材料可阻止已分散的药物再聚集粗化，有利于药物的溶出与吸收。药物分散于载体材料中可以多种状态分散，其中以分子状态分散时，溶出最快。不同药物与不同载体材料形成无定形态的固体分散体，其速效程度也有差异。

药物分散于载体材料中的状态与药物的相对含量有关。例如倍他米松–PEG 6000 固体分散体，当倍他米松乙醇的含量 < 3%（W/W）时为分子状态分散，含量为 3%~30% 时以微晶状态分散，而含量为 30%~70% 时药物逐渐变为无定形，含量达 70% 时以上药物转变为均匀的无定形。由于药物所处的分散状态不同，溶出速率也不同，分子分散时溶出最快，微晶最慢。

（二）载体材料性质对药物溶出的作用

亲水性载体材料能提高药物的可润湿性。在固体分散体中，药物被可溶性载体材料包围，使疏水性或亲水性弱的难溶性药物具有良好的可润湿性，遇胃肠液后，载体材料很快溶解，药物被润湿，因此溶出速率与吸收速率均相应提高，如氢氯噻嗪–PEG 6000、利血平–PVP（聚维酮）等固体分散体。

载体材料保证了药物的高度分散性。药物分散在载体材料中后，高度分散的药物被足够的载体材料分子包围，药物分子不易形成聚集体，从而保证了药物的高度分散性，加快了药物的溶出与吸收。如强的松龙在 PEG–尿素混合载体材料中，以药物占 10% 时的分子状态分散为佳，溶出量最大，药物含量大于或小于 10% 均能使溶出量显著减少。

有些载体材料具有抑晶作用。由于氢键作用、络合作用或黏度增大，药物和载体材料（如 PVP）在溶剂蒸发过程中，载体材料能抑制药物晶核的形成及成长，使药物呈非结晶性无定形状态分散于载体材料中，得共沉淀物。PVP 与药物以氢键结合时，形成氢键的能力与 PVP 的分子量有关，分子量越小愈易形成氢键，形成的共沉淀物的溶出速率也愈高。

二、缓释作用

药物用疏水性聚合物、肠溶性材料和脂质材料为载体制备的固体分散体具有缓释作用。其原理是载体材料形成网状骨架结构，药物以分子状态、微晶态分散于骨架内，药物的溶出必须先通过载体的网状骨架扩散，因而释放缓慢。

以乙基纤维素（EC）为载体材料的固体分散体中含药量愈低、固体分散体的粒径愈大、EC 黏度愈高，则溶出愈慢，缓释作用愈强。其缓释作用主要取决于载体材料。如将水溶性药物盐酸氧烯洛尔用 EC 作为载体材料，加入不同比例的水溶性羟丙纤维素（HPC）制成固体分散体，在 HPC 含量为 5%~10% 时其缓释作用最为明显。这是由于 HPC 膨胀后，在 EC 骨架内对药物扩散起最大的阻碍作用。HPC 量少时阻碍作用较小；HPC 用量太大时蚀解，同药物一起溢出。

第三节　固体分散体的载体

固体分散体所用的载体材料应具备下列条件：不与药物发生化学变化，不影响主药的化学稳定性，不影响药物的药效与含量检测，能使药物保持最佳的分散状态或缓释效果，无毒，无致癌性，价廉易得。

根据溶解特点，常用的载体材料可分为水溶性、难溶性和肠溶性三大类。几种载体材料可联合应用，以达到速释或缓释的效果。

一、水溶性载体材料

常见的有高分子聚合物、表面活性剂、有机酸以及糖类等。

（一）聚乙二醇类（PEG）

聚乙二醇类具有良好的水溶性，也能溶于多种有机溶剂，使药物以分子状态分散，且可阻止药物聚集。最常用的是 PEG4000、PEG6000，它们的熔点低（50~63℃），毒性较小，化学性质稳定（但 180℃以上分解），可与多种药物配伍，不干扰药物的含量测定，可促进药物在肠道中吸收，能提高药物的生物利用度。当药物为油类时，宜用 PEG12000 或 PEG6000 与 PEG20000 的混合物。采用滴制法制成固体分散丸时，常用 PEG6000，也可加硬脂酸调整其熔点。

（二）聚维酮类（PVP）

为无定形高分子聚合物，无毒，熔点较高，对热稳定（150℃时变色），易溶于水和多种有机溶剂，对许多药物有较强的抑晶作用，但成品对湿的稳定性差，储存过程中易吸湿而析出药物结晶。PVP K30（平均相对分子质量约4000）较常用，它与药物的配比可影响溶出。例如以PVP K30为载体制备硝苯地平固体分散体时，载体和药物的最佳比例为10:1，制备的固体分散体4min，药物即可溶出81.92%，而物理混合物中药物的溶出度仅为50.75%。

（三）表面活性剂类

作为载体的表面活性剂多含聚氧乙烯基，可溶于水和有机溶剂，载药量大，在蒸发过程中可阻止药物产生结晶，是理想的速效载体材料。常用的有泊洛沙姆188（poloxamer 188），为片状固体，毒性小，对黏膜的刺激性极小，可用于静脉注射。另外还有聚氧乙烯（PEO）、聚羧乙烯（CP）等。

（四）有机酸类

这类载体材料的相对分子质量较小，如枸橼酸、酒石酸、琥珀酸、胆酸及脱氧胆酸等，易溶于水而不溶于有机溶剂。这类载体不适用于对酸敏感的药物。

（五）糖类与醇类

常用的糖类载体材料有右旋糖酐、半乳糖和蔗糖等；醇类有甘露醇、山梨醇和木糖醇等。它们水溶性强，毒性小，可与药物以氢键结合生成固体分散体，适用于剂量小、熔点高的药物，尤以甘露醇最为理想。利用糖类载体制备固体分散体的过程如图2-3所示。

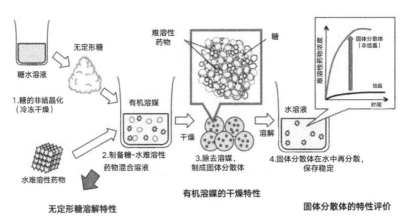

图2-3 利用糖类载体制备固体分散体

二、难溶性载体材料

（一）微粉硅胶类

微粉硅胶为气相法制备的二氧化硅，具有无定形结构，不溶于水。四氯化硅汽化后，在1800℃左右的高温下进行气相水解，此时生成的气相二氧化硅颗粒极细，与气体形成气溶胶，再进行聚积、纯化、收集、压缩、包装。生成的气相二氧化硅不经过其他化学试剂处理，在二氧化硅粒子表面保留有羟基，具有亲水性。若经过化学试剂处理，表面羟基被相应基团取代（一般是疏水基团），则具有疏水性。亲水性气相对二氧化硅比表面积大，具有空隙，是制备固体分散体的优良载体。

以亲水性Sylysia730为载体，采用熔融法制备布洛芬－Sylysia730固体分散体，显著提高了布洛芬的溶出速率。采用粉末X射线衍射法、差示扫描量热法、扫描电子显微镜分析法对制备的固体分散体进行物相鉴别。结果显示，熔融法制备的布洛芬－Sylysia730固体分散体中布洛芬均以非晶态存在于载体中[4]（图2-4）。

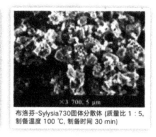

图2-4 熔融法制备布洛芬-Sylysia730固体分散体

（二）纤维素类

常用的是乙基纤维素，其特点是溶于乙醇、苯、丙酮等多数有机溶剂，含有烃基能与药形成氢键，有较大的黏性，载药量大，稳定性好，不易老化，无毒，无药理活性，是一种理想的药物载体。如盐酸氧烯洛尔-EC固体分散体，其释药不受pH的影响。

（三）聚丙烯酸树脂类

含季铵基团的聚丙烯酸树脂类包括EudragitE、EudragitRL和EudragitRS等几种。此类产品在胃液中可溶胀，在肠液中不溶，但不被吸收，对人体无害，广泛用于制备具有缓释性的固体分散体。适当加入水性载体材料如PEG或PVP等可调节药物的释放速率。

（四）其他类

常用的有胆固醇、棕榈酸甘油酯、胆固醇硬脂酸酯及蓖麻油蜡等脂质材料，可用于制备缓释性固体分散体。配合表面活性剂、糖类、PVP 等水溶性材料，可以改善载体润湿性，增加载体中药物释放孔道，适当提高释放速率，以达到满意的缓释效果。

以单硬脂酸甘油酯（GMS）和高相对分子质量的聚氧乙烯（PEO）为复合载体，用溶剂熔融法制备丹参酮组分缓释固体分散体，可以显著提高其体外溶出，并控制药物的释放。药物与复合载体（GMS-PEO 2∶1）比例为 1∶8 时所制备的固体分散体取得了较好的缓释效果，指标成分的 12h 体外累积溶出度均达 90% 以上。利用 SEM、DSC、XRD、FTIR 等表征手段对固体分散体的结构特征进行分析研究，物相分析结果表明药物以非晶型状态高度分散于载体中[5]（图 2-5）。

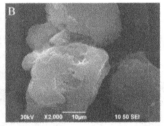

图 2-5 丹参酮组分原料药（A）和固体分散体（B）的 SEM 图

三、肠溶性载体材料

（一）纤维素类

常用的有醋酸纤维素酞酸酯（CAP）、羟丙甲酸纤维酞酸酯素（HPMCP）（其商品有两种规格：H950、H995）和羧甲乙纤维素（CMEC）等，均能溶于肠液中，可用于制备在胃液中不稳定的药物在肠道中的释放和吸收、生物利用度高的固体分散体。由于它们化学结构不同，黏度有差异，释放速率也不相同。CAP 可与 PEG 联用制成的固体分散体，可控制释放速率。

（二）聚丙烯酸树脂类

常用 Ⅱ 号及 Ⅲ 号聚丙烯酸树脂，前者在 pH6.0 以上的介质中溶解，后者在 pH7.0 以上的介质中溶解，有时两者联合使用，可制成缓释速率较理想的固体分散体。

第四节　固体分散体的制备方法

采用何种方法制备药物的固体分散体主要取决于药物性质和载体材料的结构、性质、熔点及溶解性能等，目前常用的有下列几种方法。

一、熔融法

本法适用于对热稳定的药物。将药物与载体材料混合均匀，加热至熔融，在剧烈搅拌下迅速冷却成固体，或将熔融物倾倒在不锈钢板上成薄层，在板的另一面吹冷空气或用冰水，使骤冷成固体。再将此固体在一定温度下放置变脆成易碎物，放置的温度及时间视不同的品种而定。如药物–PEG类固体分散体只需在干燥容器内室温放置一到数日即可，而灰黄霉素–枸橼酸固体分散体需37℃或更高温度下放置多日才能完全变脆。为了缩短药物的加热时间，也可先将载体材料加热熔融后，再加入已粉碎至过60~80目筛的药物。多采用熔点低、不溶于有机溶剂的载体材料，如PEG类、枸橼酸、糖类等。注意必须由高温迅速冷却，以达到高的过饱和状态，使多个微晶核迅速形成而得到高度分散的药物，而非粗分散体。

二、溶剂法

溶剂法又称共沉淀法，本法适用于对热不稳定或易挥发的药物。将药物与载体材料共同溶于有机溶剂中，蒸去有机溶剂，使药物与载体材料同时析出，干燥后可得到药物与载体材料混合而成的共沉淀固体分散体。可选用能溶于水或多种有机溶剂、熔点高、对热不稳定的载体材料，如PVP类、半乳糖、甘露糖、胆酸类等。有机溶剂常用无水乙醇、氯仿、丙酮等。

PVP熔化时易分解，只能采用溶剂法。本法使用有机溶剂的量大，成本较高，且有时有机溶剂难以完全除尽。当固体分散体中含有少量有机溶剂时，除对人体有危害外，还易引起药物重结晶而降低药物的分散度。

不同有机溶剂所得的固体分散体的分散度也不同。如螺内酯在乙醇、乙腈、氯仿中，在乙醇所得固体分散体的分散度最大，溶出速率也最高；在氯仿中所得分散度最小，溶出速率最低。

三、溶剂－熔融法

本法适用于液态药物，如鱼肝油、维生素 A、D、E 等的制备，但只适用于用药剂量小于 50mg 的药物。将药物先溶于适当溶剂中，再加入已熔融的载体中搅拌均匀，按熔融法固化即得。药物溶液在固体分散体中所占的量通常不得超过 10%（g/g），否则难以形成脆而易碎的固体。

该法制备中除去溶剂的受热时间短，固体分散体稳定，质量好。制备应注意：选用毒性小的溶剂，与载体材料容易混合；药物先溶于溶剂再与熔融载体材料混合，必须搅拌均匀，防止固相析出。

四、溶剂－喷雾（冷冻）干燥法

将药物与载体材料共溶于溶剂中，然后喷雾或冷冻干燥，除尽溶剂即得。溶剂－喷雾干燥法可连续生产，溶剂常用 C1~C4 的低级醇或其混合物。溶剂冷冻干燥法适用于易分解、氧化、对热不稳定的药物，如酮洛芬、红霉素等。常用的载体材料为 PVP 类、PEG 类、甘露醇、乳糖、水解明胶、纤维素类、聚丙烯酸树脂类等（图 2-6）。

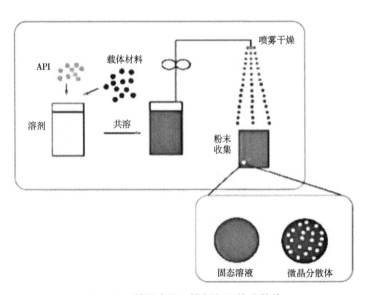

图 2-6 利用喷雾干燥制备固体分散体

五、热熔挤出法

20 世纪 70 年代热熔挤出引入制药工业，是将纯药物或者药物与辅料加热达到熔融状态，通过螺杆推动混匀，最后通过不同的模口挤出成型并在空气中快速冷却，挤出的产物可以为片型、颗粒、小丸或者条状物，再根据具体的制剂需要进一步处理或者包装。具有符合 GMP 标准、生产工艺容易放大、更容易连续化生产、无须考虑溶剂去除等优点。已上市的无定形药物制剂有许多产品采用热熔挤出方法制备，但由于物料挤出过程需要经历高温，所以热不稳定的药物和辅料不适合采用这种方法。热熔挤出过程中，体系的黏度、温度和转速等参数是重要参数，对制备无定形态药物的效果有很大影响。热熔挤出过程中需要关注物料的加工性能和热稳定性能，药物和高分子材料需要在热熔挤出的机筒内保持一定的流动性，体系黏度需要维持在一定的水平，还需要保证药物和高分子材料在热处理和机械处理过程中保持化学稳定。为降低体系黏度，可以在挤出处方中添加塑化剂，例如 Bruce 等以 5-氨基水杨酸为模型药物，Eudragit® S100 为载体，在热熔挤出过程中添加 12% 塑化剂柠檬酸三乙酯，可以降低挤出温度，同时还提升了溶出速率。

热熔挤出与喷雾干燥不同的地方是，喷雾干燥法喷雾前药物和高分子材料已经溶解在溶剂中，而热熔挤出过程中药物溶解或者分散到高分子材料中去，体系一般具有较高的黏度，当制备药物和高分子比例较高的固体分散体时，有可能出现晶态药物向无定形态转变不完全的情况。但热熔挤出的出过程中经过热处理和机械混合过程，将提供给药物和高分子材料体系更多的能量，相比喷雾干燥，药物和高分子材料之间将产生更强的相互作用，而这将有利于其稳定性。

六、研磨法

将药物与较大比例的载体材料混合后，强力持久地研磨一定时间，不需加溶剂而借助机械力降低药物的粒度，或使药物与载体材料以氢键相结合，形成固体分散体。研磨时间的长短因药物而异。常用的载体材料有微晶纤维素、乳糖、PVP 类、PEG 类等。

七、制备固体分散体时应注意的问题

固体分散体中药物含量不应太高。固体分散技术宜应用于小剂量药物，固体 API 占 5%~20%，液态 API 占比一般不宜超过 10%，否则不易固化成坚脆物，难以进一步粉碎。

固体分散体在储存过程中可能会逐渐老化。储存时固体分散体硬度变大、析出晶体或结晶粗化，从而降低药物生物利用度的现象称为老化。如果制备方法不当或保存条件不适，老化过程会加快。老化与药物浓度、贮存条件及载体材料有关，因此必须通过选择合适的药物浓度、用混合载体材料、开发新型载体材料以及注意贮存条件等措施，防止或延缓老化，保持固体分散体的稳定性。

◎　阶段性习题与答案

第三章　包合物制备技术

第一节　包合技术的概念、特点与分类

一、包合技术的概念

包合技术指一种分子被包嵌于另一种分子的空穴结构内，形成包合物（inclusion compound）的技术。具有包合作用的外层分子称为主分子，被包合到主分子空间中的小分子物质称为客分子。主分子必须具有较大的空穴结构，客分子与主分子的空穴形状与大小要相适应，从而使主分子能足以将客分子容纳在内，形成分子囊。

二、包合技术的特点

药物作为客分子经包合后，溶解度增大，稳定性提高，液体药物可粉末化，可防止挥发性成分挥发，掩盖药物的不良气味或味道，调节释药速率，提高药物的生物利用度，降低药物的刺激性与毒副作用等。

主分子与客分子进行包合时，相互之间一般不发生化学反应，不存在离子键、共价键或配位键等作用。包合作用主要是一种弱的相互作用，如范德华力、氢键和偶极子间引力等，通常是几种力的协同作用。

三、包合技术的分类

（一）按主分子的构成分

1. 单分子包合物

单分子包合物由单一的主分子与单一的客分子包合而成。即单个分子的一个空洞包含一个客分子，如具有管状空洞的包合辅料环糊精。

2. 多分子包合物

多分子包合物是数个主分子以氢键连接，按照一定方向松散地排列形成晶格空洞，客分子嵌入空洞中形成包合物。包合辅料有硫脲、尿素、去氧胆酸等。

3. 大分子包合物

大分子包合物为天然或人工大分子化合物，可形成多孔结构，能容纳一定大小的分子。常见的有葡萄糖凝胶、纤维素、蛋白质等。

（二）按主分子形成空穴的几何形状分

1. 管状包合物

管状包合物是由一种分子构成管形或筒形结构，另一种分子填充其中而成。管状包合物在溶液中较稳定，如尿素、环糊精等均形成管状包合物。

2. 笼状包合物

笼状包合物是客分子进入主分子构成的笼状晶格中而成的，其空间完全闭合，重要的有对苯二酚包合物和邻百里酸三交酯包合物。

（三）层状包合物

药物与某些表面活性剂形成的胶束可构成层状包合物，如非离子表面活性剂可以使维生素 A 棕榈酸酯增溶，形成的胶束结构为层状结构。此外黏土形成的包合物以及石墨包合物也属于层状包合物。

第二节 包合材料

包合物中处于包合外层的主分子物质称为包合材料，通常可用环糊精、胆酸、淀粉、纤维素、蛋白质、核酸等作包合材料。制剂中目前常用的是环糊精及其衍生物，因而常称为环糊精包合物。

一、环糊精及其衍生物

（一）环糊精

环糊精（cyclodextrin，CYD）指淀粉用嗜碱性芽孢杆菌经培养得到的环糊精葡萄糖转位酶作用后形成的产物，是由 6~12 个 D-葡萄糖分子以 1，4-糖苷键连接的环状低聚糖化合物，为水溶性的非还原性白色结晶状粉末。其结构为中空圆筒形，对酸不太稳定，易发生酸解而破坏圆筒形结构。常见 α、β、γ 三种，分别由 6、7、8 个葡萄糖分子构成。三种 CYD 中以 β-CYD 最为常用，它在水中的溶解度最小，易从水中析出结晶，随着温度升高溶解度增大，温度为 25℃时，100ml 水中的溶解度为 18.5g。三种常见的环糊精结构如图 3-1 所示。环糊精的立体结构如图 3-2 所示。

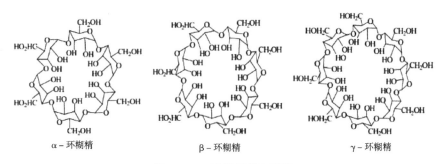

α-环糊精　　β-环糊精　　γ-环糊精

图 3-1　三种常见的环糊精

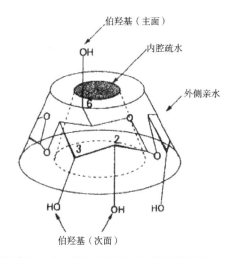

伯羟基（主面）

内腔疏水

外侧亲水

伯羟基（次面）

图 3-2　环糊精由椅式葡萄糖分子构成的结构俯视图及环糊精立体结构

　　由于 CYD 是环状中空圆筒形结构，呈现一系列特殊性质，可与某些小分子药物形成包合物。

（二）环糊精衍生物

　　天然 β-环糊精的溶解度低，应用中易产生毒副作用，尤其是不能注射给药。这些缺点限制了它在药剂学领域的应用。目前，已制备出一系列水溶性程度不同的环糊精衍生物，如二甲基-β-环糊精、羟丙基-β-环糊精等，这些环糊精衍生物具有较高的水溶性和安全性，尤其是后者，具有毒性低、溶血性小的特点，可作为注射给药的载体。

1. 二甲基-β-环糊精（DM-β-CYD）

本品为亲水性环糊精衍生物，既可溶于水，又可以溶解于有机溶媒中。在25℃水中溶解度可达到570g/L。对脂溶性药物如维生素 A、D、E 的包合作用增强，形成包合物在水中有良好的溶解度和稳定性，为进一步开发新剂型和提高生物利用度提供有利条件。但刺激性较大，不能用于注射与黏膜。

2. 2-羟丙基-β-环糊精（2HP-β-CYD）

环糊精与环氧丙烷在强碱性环境下反应易形成 6 位取代物 6-羟丙基环糊精，在弱碱性条件下则易形成 2-羟丙基环糊精。本品极易溶于水，溶解度可达到750g/L。是难溶性药物较理想的增溶剂，冷冻干燥粉末可直接压片。2HP-β-CYD 溶血性低，安全性好，可静脉给药；20%，40%，50%（g/ml）的 2HP-β-CYD 溶液，对皮肤、眼睛、肌肉均无刺激（图3-3）。

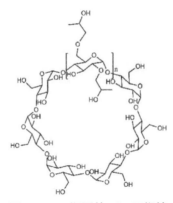

图3-3 2-羟丙基-β-环糊精

长久以来，人们一直以为环糊精及其衍生物的结构是刚性的，虽然这种假设与它们能轻易地形成包合物的性质不符合。近来的研究结果更趋向于相信其结构相对柔性，有实验表明环糊精通过非共价键合形成包合物不仅在溶液里，甚至在固体状态下都是柔性的。环糊精及其衍生物的这种相对柔性结构能更好地理解环糊精包合物的形成和包合反应动力学。

环糊精特有的内亲油外亲水的无顶圆锥状空腔结构，易与客体分子形成包合物，从而使相关客体分子的溶解度、光学特性、反应活性、挥发性和亲水性质等得到改善。经过化学修饰后的羟丙基环糊精打开了环糊精的分子内氢键，并且是无定形物质，结晶性降低，在水中的溶解度大大提升，形成包合物的能力也有所上升。有报道说羟丙基基团可能增加了空腔体积，或者与客体分子形成新的氢键增加了包合物的稳定性，使得羟丙基环糊精形成包合物的能力上升。但取代度过高可能会产生空间位阻，减少进入空腔的客体分子。合适的取代度和取代基分布是羟丙基环糊精达到最佳复合效果的重要因素。

二、环糊精及其衍生物包合作用的特点

（一）药物与环糊精的组成和包合作用

CYD 所形成的包合物通常都是单分子包合物，药物包入单分子空穴内，而不是在材料晶格中嵌入药物。单分子包合物在水中溶解时，整个包合物被水分子包围使其溶剂化比较完全，形成稳定的单分子包合物。大多数 CYD 与药物可以达到摩尔比 1：1 包合，若 CYD 用量少，药物包合不完全；若 CYD 用量偏多，包合物的含药量低。

（二）包合时对药物的要求

无机药物大多不宜用 CYD 包合。有机药物应符合下列条件之一：药物分子的原子数应大于 5；具有稠环结构的有机药物，其稠环数应小于 5；药物分子量在 100~400；水中溶解度小于 10g/L，熔点低于 250℃。

（三）药物的极性或缔合作用影响包合作用

由于 CYD 空穴内为疏水区，非极性药物易进入而被包合，形成的包合物溶解度较小；极性药物可嵌在空穴口的亲水区，形成的包合物溶解度大；疏水性药物易被包合，非解离型的比解离型的药物易被包合。

自身可缔合的药物往往先发生解缔合，再嵌入到 CYD 空穴内。

（四）包合作用具有竞争性

包合物在水溶液中与药物呈平衡状态，如加入其他适当的药物或有机溶剂，可将原包合物中的药物取代出来。

第三节 环糊精包合物的制备方法

对于同一药物，选择的方法不同，条件不同，所得包合物的收率与包合率也不相同。

在制备包合物时，一般根据药物性质来选择适宜的制备方法。

一、饱和水溶液法

饱和水溶液法亦可称重结晶法或共沉淀法。将 CYD 配成饱和溶液，加入药物（难溶性药物可用少量有机溶剂如丙酮或异丙醇等溶解）混合 30min 以上，使药物与 CYD 起包合作用形成包合物，且可定量（主客分子以固定摩尔比）地将包合物分离出来。水中溶解度大的药物，可加入某些有机溶剂，促使包合物析出。将析出的包合物过滤，用适当的溶剂洗净、干燥即得。

如制备吲哚美辛 β-CYD 包合物时：称取吲哚美辛 1.25g 加 25ml 乙醇，微温使溶解，滴入 75℃的 β-CYD 饱和水溶液 500ml，搅拌 30min，停止加热再搅拌 5h，得白色沉淀，室温静置 12h，滤过，将沉淀在 60℃干燥，过 80 目筛，经 P_2O_5 真空干燥，即得包合率在 98% 以上的包合物。

二、研磨法

取 β-CYD 加入 2~5 倍量的水中混合，研匀，加入药物（难溶性药物应先溶于有机溶剂中），充分研磨至糊状物，低温干燥后，再用适宜的有机溶剂洗净，再干燥，即得。

如制备维 A 酸-β-CYD 包合物时由于维 A 酸易被氧化，制成包合物可提高其稳定性。将维 A 酸与 β-CYD 按摩尔比 1∶5 称量，将 β-CYD 在 50℃水浴中用适量蒸馏水研成糊状，维 A 酸用适量乙醚溶解后加入到上述糊状液中，充分研磨，乙醚挥发，变成的半固体物。将半固体物置于遮光的干燥器中减压干燥数日，即得维 A 酸-β-CYD 包合物。该法制备时应考虑有机溶剂残留问题。

三、冷冻干燥法

如果制成的包合物易溶于水、不易析出结晶，且在干燥过程中药物易分解变色，可用冷冻干燥法制备包合物。所得成品疏松，溶解度好，可制成粉针剂。

如制备盐酸异丙嗪（PMH）β-CYD 包合物时：PMH 易被氧化，故可用此法制成包合物。将 PMH 与 β-CYD 按摩尔比 1∶1 称量，β-CYD 用 60℃以上的热水溶解，加入 PMH 搅拌 0.5h，冰箱冷却过夜再冷冻干燥，用氯仿洗去未包入的 PMH，最后除去残留氯仿，得白色包合物粉末，内含 PMH 28.1% ± 2.1%，包合率为 95.64%。经影响因素试验（如光照、高温、高湿度等）和加速试验，均比原药 PMH 的稳定性提高。

四、喷雾干燥法

此法适用于难溶性、疏水性药物。如用地西泮与 β–CYD 用喷雾干燥法制得的包合物中，地西泮的溶解度和生物利用度都得到了提高。

第四章　液固压缩技术

液固压缩技术（liquisolid technique）是利用液体赋形剂溶解难溶性药物或液体脂溶性药物，再用涂层材料吸收后得到固体粉末的一种技术，可有效增加生物药剂学分类系统（BCS）II类水难溶性药物溶出速率，工艺简单成熟。目前，液固压缩技术已运用于罗非昔布、萘普生、吲哚美辛、格列吡嗪、双氯芬酸钠、阿托伐他汀钙、厄贝沙坦、α-细辛脑、熊果酸、水飞蓟素等难溶性有效成分。

第一节　液固压缩技术的理论基础

一、概述

液固压缩技术又称溶液粉末化技术，是将难溶性药物悬浮或溶解在非挥发性液体赋形剂中，再与适宜的载体和涂层材料混合均匀转变为干燥粉末。该技术可改善难溶性药效成分的溶出速率，提高难溶性药效成分的生物利用度。

该技术于1998年由Spireas等首次提出，并将其应用于氢化可的松、泼尼松龙等水难溶性药物的制备。Spireas通过比较液固压缩技术制得片剂(液压片)和普通粉末直接压片(直压片)的溶出情况，发现液固压缩技术可改善难溶药物的润湿性，增加药物溶出时的有效表面，提高药物在体内的溶出速率。值得注意的是，药物是溶解在液体赋形剂中以分子态形式存在的。液压片口服后在体内只需崩解即可快速溶出。液固压缩技术在应用上十分灵活，只需在载体吸收液体赋形剂时加入所需的矫味剂、崩解剂、泡腾剂等，即可制备口崩片、速释片、泡腾片等多种剂型[6-7]。

液固压缩技术具有很多方面的优势，主要有：①通过液固压缩理论制得的液固压缩粉末具有良好的流动性与可压性，工艺简单成熟；②所需辅料均是市场上的传统辅料，如微晶纤维素、乳糖、微粉硅胶等，成本低；③采用常规的片剂生产工艺，即可有效改善难溶药物的溶出速率，产业化相对容易，设备要求相对简单，可行性强。

液固压缩技术最大的难点在于载体所能承受的液体量受限，药物剂量较大时，需要的载体量也大，使整个液固压缩片的片质量较大，不利于高剂量难溶药物的制备与日常用药。

液固压缩技术并不影响药物剂型的选择，该技术改变的是药物在整个制剂中的存在形式，它使药物以一种溶解的状态存在于制剂中，从根本上解决了药物在体内溶解差与溶出速率低的问题。

二、释药机制

液固压缩技术的速释机制假说主要有 4 种。

（一）液体赋形剂增加了药物的溶解度

事实上，液固压缩系统中相对较少量的液体赋形剂并不足以增加整个溶出介质中药物的溶解度。但是当所选液体赋形剂同时作为助溶剂使用时，液固压缩制剂粒子和溶出介质的接触面处，扩散出的助溶剂就足以增加同时扩散药物的溶解度。

（二）增加了药物粒子润湿性

液体赋形剂常采用聚山梨酯 80、PEG 6000、甘油等，这些非挥发性溶剂可降低药物界面张力，增加制剂颗粒的润湿性，使水分借助毛细管作用迅速渗透到片芯而起崩解作用，大大提高了溶出速率。

（三）载体和涂层材料增加了药物溶出有效表面积

对于液固压缩制剂，整个系统内的药物是溶解在液体赋形剂中的，即以分子状态分散于粉末基质中。因此，药物溶出时的比表面积比药物普通制粒大得多，药物的溶出速率也直接与药物在液体赋形剂中的溶解百分数成正比。一旦药物含量超过溶解限制，释放速度将不再提高。

（四）液固压缩技术以无定形或分子状态给药，从而使药物溶出速率迅速提高

孙丹丹[8]等以药液比 1∶2 制备速释复方丹参片，以 PEG400 为液体载体，硅酸铝镁为载体材料和涂层材料的复方丹参液固压缩片，将其溶出度与市售的复方丹参片进行比较，并通过 X-衍射和差示扫描量热分析考察丹参酮ⅡA 的存在状态变化。结果显示液固压缩片中丹参酮ⅡA 的溶出度较市售片大幅度提高，X-衍射和差示扫描量热分析表明

液固压缩片中丹参酮ⅡA的特征峰消失。这说明液固压缩技术可以改善丹参酮ⅡA的溶出度，快速释药。对其释药机制进行分析，认为复方丹参液固压缩处方中作为液体载体的PEG400对丹参酮ⅡA有较高的溶解度，为良好的助溶剂，能更好地溶解处方量的丹参酮ⅡA。同时PEG400能很好地降低表面张力，提高药物粒子的润湿性，水分子借助毛细管作用深入到片剂的内部，使其快速崩解。在液固粉末颗粒和溶出介质的接触面上，扩散出的助溶剂增加了药物的溶解度，从而增加了溶出度。此外硅酸铝镁为多孔材料，具有很强的吸附性，能充分吸附呈分子分散于PEG400中的丹参酮ⅡA，当液固压缩片崩解时，增大了溶出有效表面积，促进药物快速释放。

若采用疏水性或脂质类载体材料制备液固压缩片则具有缓释作用。缓释原理与普通缓释骨架片相似，载体材料形成网状骨架结构，药物以分子态分散于骨架中，药物的溶出必须首先通过载体材料的网状骨架，故溶出缓慢。

三、制备

在液固压缩技术应用中，必需的辅料包括液体赋形剂、载体和涂层材料。液体赋形剂为非挥发性的液体溶媒，难溶药物在该溶媒中可充分溶解，一般常选的液体赋形剂有PEG、聚山梨酯等。载体材料一般为具备足够吸附性能的多孔状材料，主要用于吸收液态药物，常用的载体材料有纤维素类、淀粉、乳糖等。辅料中的涂层材料用于包覆湿的载体颗粒，通过吸附所有过量液体使其成为不粘连的粉末。通常采用细的和高吸附性的颗粒材料，如多类型的无定形二氧化硅（硅胶）。

制备液固压缩制剂时，首先选定液体赋形剂，将药物溶解于非挥发性液体赋形剂中，并确定药物溶液的质量；选择恰当的载体和涂层材料，通过液固压缩理论计算载体、涂层材料的比率，得出载体和涂层材料的最佳用量；用载体材料吸收含药液体制得湿颗粒，最后加入吸湿性很强的涂层材料使湿颗粒转化成外表干燥并具有一定流动性和可压性的固体粉末。在制备过程中可根据需要在干粉混合物中加入崩解剂、矫味剂、泡腾剂等，最后按照传统片剂压片工艺压片或装胶囊即可。

第二节　液固压缩技术的应用

液固压缩技术可改善难溶药物的润湿性，增加药物溶出时的有效表面积，提高药物在体内的溶出速率。Zhao[9]等以聚山梨酯-80为液体赋形剂，微晶纤维素PH-101为载体材料，微粉硅胶 A200 为涂层材料，制备了药液比为 1∶4 的 α-细辛脑液固压缩片。XRD表明液固压缩片中无 α-细辛脑的特征峰，体外溶出实验结果表明，α-细辛脑液固压缩片在 5min 时释放了 80% 以上，而市售片在 5min 中时仅释放了 25.63%。罗丹[10] 等以吐温-80 作液体赋形剂，微晶纤维素作载体，制得葛根总黄酮液固压缩片，溶出 50% 时，仅需 42.6s，而原料药和市售片需 9.4min 和 15.89min。测定结果显示，液固压缩片可以改善药物的润湿性，增加溶出时的有效表面积，使药物在体外的溶出速率显著增加。

有很多研究表明液固压缩技术在药物增溶方面已有很好的效果。液固压缩技术与自微乳化给药系统（SMEDDS）联用时，不仅可以弥补 SMEDDS 所存在的不足，还能够将液体 SMEDDS 固化，从而可以将药物制成片剂、胶囊剂等多种剂型，实现剂型的多样化，并且可以显著提高药物的溶解度和溶出速率，提高药物的生物利用度。二者联合应用还能节约生产成本，简化工业生产，提高稳定性与患者耐受性，对开发药物剂型具有普适性的意义，为难溶性药物的增溶提供了宝贵的思路与方法。

◎ 阶段性习题与答案

第五章 微粒分散系制备技术

第一节 微乳

微乳（microemulsion）是由油相、水相、乳化剂及助乳化剂在适当比例形成的一种透明或半透明、低黏度、各向同性且热力学稳定的油水混合系统。微乳的直径通常为10~100nm，按结构可分为水包油（O/W）型、油包水（W/O）型和双连续型微乳。O/W型微乳可以增加难溶性药物的溶解度，提高生物利用度。W/O型微乳可延长水溶性药物的释放时间，起到缓释作用。

作为一种药物载体，微乳给药系统近年来已得到广泛的研究与应用，具有对亲脂性和亲水性药物有较好的增溶能力、热力学稳定、吸收迅速完全，能增强疗效、降低毒副作用、制备工艺简单且成本低等特点，在口服、注射、透皮、黏膜给药方面均有很大潜力。

对于某些水难溶性药，加入表面活性剂、助表面活性剂和油相，将其制成O/W型微乳，可增加药物的溶解度、加速药物的释放、促进吸收、提高生物利用度、增强药物疗效和减少个体间差异。如在制备四氢西泮注射剂时，可采用四氢西泮的溶解度较高的蓖麻油和中等链长脂肪酸甘油酯混合油相，制备的乳剂稳定而且可高温灭菌，使四氢西泮能够注射给药。马玉坤[11]等以三角相图法制备了吐温80-乙醇-花生油-水的O/W型微乳体系（1:1:0.5:9，W/W），槲皮素在其中的溶解度为水中的50倍以上。Kawakami等通过制备水难溶性药物尼群地平微乳，同尼群地平的丙二醇二辛酸酯-甘油单辛酸酯（1:1）的油溶液相比，大鼠口服生物利用度提高了3倍。

一、微乳的具体应用

（一）微乳在口服给药系统中的应用

在口服给药中，很多药物可能因胃肠道上皮细胞中酶系的降解、代谢及肝中各酶系的生物代谢而失效，特别是蛋白质和多肽类药物。将此类药物制成微乳口服制剂后，由于药物包裹于微乳内部，可避免胃肠道中各种代谢酶的降解；同时因其具有较低的表面张力而易于通过胃肠壁的水化层，药物能与胃肠上皮细胞直接接触，从而促进药物的吸收；微乳制剂还可经淋巴管吸收，避免了肝脏的首过效应，因而提高了药物的生物利用度。

陆秀玲制备了盐酸小檗碱 O/W 型口服微乳并对其进行体内外评价，结果显示大鼠口服微乳的生物利用度大约是口服混悬液的 4.4 倍，说明所制备的 O/W 型微乳能显著改善盐酸小檗碱在大鼠体内的吸收，提高口服生物利用度；其在 Caco-2 细胞单层模型的跨膜转运实验结果表明微乳载体在一定程度上可改善盐酸小檗碱的膜渗透性[12]。

（二）微乳在注射给药系统中的应用

微乳能解决疏水性药物的低生物利用度问题，应用于疏水性药物的注射给药有很大潜力。除具有一般注射剂的优点，如可热压灭菌、通过微孔滤膜过滤等，微乳注射剂还有两个特点，一是在体内具有淋巴导向性，可根据需要实现药物的靶向性；二是微乳注射剂进入血液后，药物需经过一个从微乳内部向介质转移的过程，从而延缓了药物的释放，实现了缓释的作用。Wang[13]等用聚乙二醇、磷脂和胆固醇作为乳化剂，含维生素 E 的油酸溶液作为油相，制备了长春新碱微乳注射液，结果显示血液和肿瘤部位的 AUC 明显高于游离长春新碱，而心、脾、肝的 AUC 则明显低于游离长春新碱，表明微乳不但可通过靶向作用减少长春新碱的用量，还可减轻不良反应。此外，制备微乳时，通过使用合适的辅料，还可以使微乳呈现缓释、控释、靶向及长循环等特征。

（三）微乳在透皮给药系统中的应用

微乳作为经皮给药载体，可以增加亲水或亲脂性药物的溶解度，避开肝脏的首过效应，避免活性成分被唾液和胃肠道降解，提高药物的透皮速率和维持恒定的有效血药浓度。透皮给药还具有易于给药、可以及时终止治疗的优点。长效缓释微乳还能避免频繁给药所引起的血药浓度的峰谷现象。研究证明，微乳有望成为抗炎药、麻醉药、抗真菌药、甾体类药物更好的给药载体。雷公藤内酯、秋水仙碱、葛根素、蛇床子素的微乳透皮制剂的研究也表明，微乳有希望成为有前途的透皮吸收给药途径。

微乳促进药物经皮渗透的机制包括：①可提高药物的溶解度及渗透浓度梯度；②微乳中的经皮渗透促进剂可以破坏角质层水性通道，增加角质层脂质双层流动性，增强角质层的通透性；③微乳有较低的表面张力，易于润湿皮肤，提高药物的渗透速率；④微乳还可经毛囊实现透皮吸收。药物的亲脂性、油的性质及乳化剂的性质等会影响微乳促进药物经皮吸收的程度。

（四）微乳在黏膜给药系统中的应用

黏膜给药是用适当的载体使药物通过鼻、眼、口腔、直肠等黏膜进入体循环而作用到全身的给药方式。在黏膜给药方面微乳因其较强的促透能力受到关注。

1. 眼黏膜

常规滴眼液一般有滞留时间短、给药次数多、损失量大、药物脉冲释放、生物利用度低等缺点。微乳用于眼部给药的研究始于1980年代，发展于1990年代中期。与普通滴眼液相比，眼用微乳可显著提高药物的浓度，延长药物滞留时间及与角膜的接触时间，从而可减少药物损失和给药次数，提高生物利用度。用于眼部给药的微乳中的表面活性剂必须无刺激性或极低刺激性，其中常用的有卵磷脂和泊洛沙姆等。通常水相中含有的缓冲液、等渗剂、抗菌剂等以及盐的浓度和pH均会影响微乳的形成，因此这些均为要综合考虑的因素。

2. 鼻黏膜

鼻黏膜的穿透性较高，相对于胃肠道黏膜来说酶较少、对药物的降解作用要低。应用于鼻黏膜给药的微乳，可有效延长药物在鼻黏膜的滞留时间，增强药效，从而大大提高药物的生物利用度。此外，鼻黏膜给药有利于药物透过血脑屏障，实现药物的脑靶向作用。

3. 口腔黏膜

口腔黏膜表面覆盖着多层鳞状上皮细胞，药物的渗透系数较低，但黏膜下有丰富的血管，药物透过后可直接进入血循环，从而提高药物渗透能力；同时药物易附着于口腔黏膜，且并无类似于鼻腔纤毛的排斥反应，耐受力较强，受刺激或破坏后能恢复较好。

二、微乳的制备工艺

微乳由油、水、表面活性别和辅助剂组成，其制备简单，油、表面活性剂及辅助剂配方体系的合理筛选是关键因素。可采用改良的三角相图法寻找用最少的表面活性剂和助表面活性剂制备微乳的方法（图5-1）。

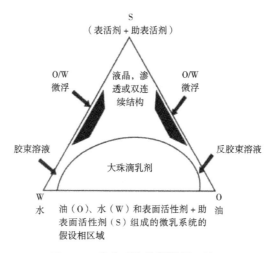

图 5-1　微乳系统的假设相区域

微乳液常规制备方法有两种。

一种是把有机溶剂、水、乳化剂混合均匀，然后向该乳液中滴加醇。在某一时刻体系会突然变得透明，这样就制得了微乳液。1943 年 Schulman 等在乳状液中滴加醇，首次制得了透明或半透明、均匀并长期稳定的微乳液，因此这种方法又称为 Schulman 法（微乳液法）。一般认为微乳液的形成机理是瞬时负界面张力机理。该机理可表述如下：油 / 水界面的张力在表面活性剂作用下降至 1~10mN/m，形成乳状液，当加入助表面活性剂后，表面活性剂和助表面活性剂吸附在油 / 水界面上，产生混合吸附，油 / 水界面张力迅速下降，甚至产生瞬时负界面张力，所以体系将自发扩张界面，直至界面张力恢复为零或微小的正值而形成微乳液。如果液滴发生聚结，微乳液总界面面积缩小，又将产生瞬时界面张力，从而对抗微乳液滴的聚结。用该法制备纳米粒子的实验装置简单，能耗低，操作容易，具有以下明显的特点：①粒径分布较窄，粒径可以控制；②选择不同的表面活性剂修饰微粒子表面，可获得特殊性质的纳米微粒；③粒子的表面包覆一层（或几层）表面活性剂，粒子间不易聚结，稳定性好；④粒子表层类似于"活性膜"，该层基团可被相应的有机基团所取代，从而制得特殊的纳米功能材料；⑤表面活性剂对纳米微粒表面的包覆改善了纳米材料的界面性质，显著地改善了其光学、催化及电流变等性质。

另一种是把有机溶剂、醇、乳化剂混合为乳化体系，向该乳化液中加入水。体系也会在瞬间变成透明，称为 Shah 法。微乳液的形成不需要外加功，主要依靠体系中备份的匹配，寻找这种匹配关系的主要办法有 PPT(相转换温度)、CER(黏附能比)、表面活性剂在油面相邻界面相的分配、HLB 和盐度扫描等方法。

三、微乳存在的问题

◎　微乳液的形成机理

　　微乳制剂尽管在提高药物浓度和生物利用度方面有其独特优势，但其也存在不容忽视的问题。首先，微乳中应用的高浓度的表面活性剂和助表面活性剂，大多对胃肠道黏膜有刺激性，有些也对全身有慢性毒性作用。因而寻找高效低毒的表面活性剂和助表面活性剂来替代刺激性或毒性大的辅料是非常必要的。其次，稀释微乳往往会由于各相比例改变，导致微乳被破坏。因此，微乳口服或注射后会被大量的血液或胃液稀释，而如何保证微乳性质和粒径的稳定也是一个亟待解决的问题。

第二节　自微乳化给药系统

　　自微乳化给药系统（SEDDS）和过饱和自微乳化给药系统（SSEDDS）是一种含有表面活性剂、脂质以及助溶剂的难溶性药物自乳化制剂，通常灌装于明胶胶囊或 HPMC 胶囊中。经处方优化的 SEDDS 或 S-SEDDS 制剂经水稀释后形成粒径小于 150nm 甚至低至 10~20nm 的微乳。SEDDS/S-SEDDS 制剂可用于改善难溶性药物在动物和人体内的口服吸收。优化后的 S-SEDDS 制剂与相应的 SEDDS 制剂比较，表面活性剂（和脂质）的含量较少，遇水形成过饱和状态。这种过饱和状态至少可维持 1~2h，临床试验数据显示 S-SEDDS 制剂的 C_{max} 值更高、T_{max} 值更短，证明药物吸收更加迅速。由于表面活性剂含量较低，这种制剂还具有降低胃肠道副作用的优势。

　　目前已上市的难溶性药物的脂质-表面活性剂制剂有：sandimmune(环孢霉毒)，neoral(环孢霉素)，norvir(利托那韦)，fortavase(沙奎那韦)和 aptivus(替拉那韦)，均为自乳化或 SEDDS 制剂，且都显著改善了这些难溶性药物的口服吸收。

一、概述

　　SEDDS 制剂的定义为自乳化药物递送系统 (self-emulsifying drug delivery system)，通常由表面活性剂、油和药物组成，有时可能不含油相，经过处方优化后形成 SEDDS 制剂。遇到胃肠道介质时，立即形成 O/W 型药物微乳。粒径约小于 150nm，更理想的可以低至 10~20nm。通过上述定义，SEDDS 的概念涵盖了所有其他含有表面活性剂和脂质的自乳化制剂，可以包括所有各种粒径 (微米级和纳米级)。

采用自乳化系统可以提高药物与胃肠道介质的界面面积，从而加速药物的释放促进吸收。难溶性药物的 S–SEDDS（可过饱和）制剂就是减少表面活性剂用量的 SEDDS 制剂，其中加入了晶体生长抑制剂，如 HPMC 以及其他纤维素类聚合物或其他聚合物。S-SEDDS 制剂在胃肠道内分散于水中后使药物产生过饱和状态。如果处方合理，S-SEDDS 制剂可增加难溶性药物的口服生物利用度，并且血药浓度达峰时间 T_{max} 比传统的表面活性剂含量较高的 SEDDS 制剂短。除了可以改善难溶性药物的吸收，表面活性剂含量较少的 S-SEDDS 制剂，还可以减少由表面活性剂引起的腹泻和结肠炎的发生率，这在传统 SEDDS 制剂中时有发生。

二、SEDDS/S-SEDDS 制剂常用辅料

（一）溶剂

溶剂包括乙醇、丙二醇、聚乙二醇 400(PEG 400) 等。

（二）表面活性剂

表面活性剂包括吐温-80、聚氧乙烯 35 蓖麻油 (Cremophor EL)、聚氧乙烯 40 氢化蓖麻油 (Cremophor RH40) 等。

（三）脂质

脂质包括如单/ 二/ 三油酸甘油酯、Masine 红花油、玉米油、中链脂肪酸三甘油酯 (MCT) 和长链脂肪酸三甘油酯 (LCT) 等。

SEDDS/S-SEDDS 制剂通常为液体，可以灌装明胶软胶囊、硬胶囊或 HPMC 胶囊。固态 SEDDS/S-SEDDS 制剂也是可能的制剂形式。SEDDS 和 S–SEDDS 制剂通过模拟饱腹或空腹状态时的肠胆酸混合胶束 (BAMM) 系统或胆酸 (BA) 胶束系统，或与肠胆酸混合胶束 (BAMM) 系统或胆酸 (BA) 胶束系统平衡，促进微乳中的药物进入肠黏膜表面的多糖包被，达到改善难溶性药物口服生物利用度的目的（图 5-2 ）。

◎　自微乳化文献综述

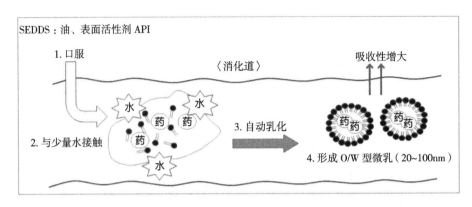

图 5-2　自乳化给药系统改善难溶性药物吸收的机制

环孢霉素的微乳制剂 Neoral SEDDS 是首个上市的微乳形成制剂。Neoral 制剂经水稀释后迅速形成浅蓝色透明溶液，粒径约为 20nm，是微乳的典型特征。改良微乳形成制剂 Neoral 和环孢霉素的乳剂形成制剂 Sandimmune。在肾移植患者体内的生物利用度对比研究显示，Neoral 的生物利用度显著提高，吸收更迅速，食物对 Neoral 的吸收几乎没有影响。新型微乳形成制剂 Neoral 的优势已经在扩大的临床试验中得到证实。

Kim 等以 30% 的吐温-85 和 70% 的油酸乙酯制备了吲哚美辛的自乳化系统，载药前后，乳滴粒径均在 150nm 以下。大鼠口服后，同吲哚美辛的甲基纤维素混悬液相比，AUC 0~12h 增加了 57%。将吲哚美辛的自乳化系统装入明胶胶囊中对大鼠直肠给药，同吲哚美辛粉末明胶胶囊相比，AUC 0~12h 也提高了 41%。用醋酸琥珀酸羟丙甲基纤维素（HPMCAS-LG）、滑石粉和 Aerosil 200（一种亲水型气相法二氧化硅）制备了水不溶性油状药物姜黄油的自乳化微球，同传统的由表面活性剂、油相和药物组成的自乳化系统相比，增加了体内药物释放速度和药物分散度，生物利用度提高了近 60%。这种新的自乳化微球也可以用于油状药物的固体分散体的制备，以提高药物的溶解度和生物利用度。

三、SEDDS/S-SEDDS 研发实例

在 SEDDS/S-SEDDS 制剂处方优化过程中，体外筛选试验的关键在于：① SEDDS/S-SEDDS 制剂在水性介质中的易分散性；②分散后的粒径；③分散后水性介质中的游离药物浓度。

◎　药物 X 的 SEDDS 制剂的开发实例

四、过饱和 S-SEDDS 制剂的开发

T. Higuchi 首次提出过饱和药物制剂在改善药物吸收方面的潜力。在 S-SEDDS 制剂的初期研究中发现，为使制剂在用水性介质稀释后产生过饱和状态而减少表面活性剂和脂质的用量，总是会导致难溶性药物迅速析出，但向其中加入极少量（如 50mg/ml）的水溶性纤维素（如 HPMC）即可阻止或延迟经水稀释后的药物析出，从而发挥稳定过饱和状态的作用。聚维酮 (PVP) 和水溶性纤维素聚合物，如 HPMC、甲基纤维素、羟丙甲基纤维素酞酸酯及羧甲基纤维素钠，有助于某些难溶性药物产生过饱和状态。纤维素聚合物是很好的晶体生长抑制剂，在极低的浓度 (<2%) 时即具有维持过饱和状态的作用。

◎　紫杉醇 S-SEDDS 案例分析

五、采用 SEDDS 和 S-SEDDS 途径提高难溶性药物口服吸收的可能路径

（一）药物吸收途径

人体在饱食和禁食状态下，体内分别存在饱食状态胆汁酸混合胶束 (BAMM) 和禁食状态胆汁酸 (BA) 胶束，组成了人体内源性表面活性剂系统。难溶性亲脂药物的 SEDDS/S-SEDDS 制剂口服生物利用度比简单水混悬液或原料药粉末胶囊有所提高，表明 SEDDS 制剂似乎能够更有效地将药物递送至肠细胞刷状缘多糖包被，这可能得益于以上内源性表面活性剂系统的作用。如胆固醇是极难溶的高亲脂性化合物，理论上应该不能经口服吸收，但实际上其口服吸收程度可达 50%，其原因就是经由 BAMM 实现。已经证明其他难溶性和亲脂性药物在饱腹时 BAMM 存在的条件下吸收更加完全。BAMM 系统较 BA 系统更有效，因为饱腹时胆汁酸胶束浓度（约 15mmol/L）较空腹时胆汁酸浓度（约 4mmol/L）高。亲脂性化合物被 BAMM 或 BA 颗粒溶解，然后经 BAMM 颗粒的碰撞接触被递送至肠细胞多糖包被。转运至多糖包被的途径为：当食物（存在于肠腔内）混合时，胆酸盐混合胶束碰撞进入刷状缘，包括胆固醇、甘油单甘酯和脂肪酸（存在于胆汁酸混合胶束内）的脂质即被吸收。

图 5-3 演示了 SEDDS 制剂中的难溶性亲脂药物的三种吸收途径，分别为水性途径、微乳途径和 BAMM 途径。

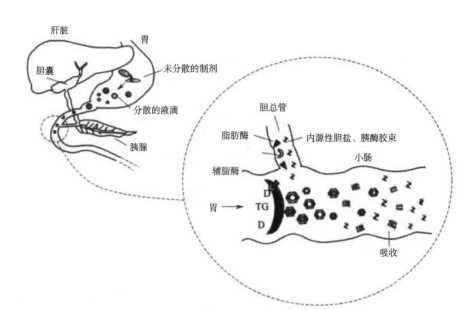

描述的是脂质–表面活性剂–药物制剂, 如难溶性药物的明胶软胶囊的主要生理生化过程贮存于胆囊的脂解酶 (胰酶) 进入十二指肠, 将长链三甘酯水解为 2– 单酰甘油酯。BA 和 BAMM 颗粒与药物 –SEDDS 微乳达到平衡之后, 药物经肠吸收

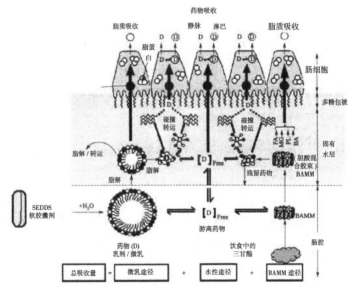

SEDDS/S–SEDDS 制剂中药物进入顶端膜肠细胞多糖包被及吸收的推测路径: (a) 水性途径, (b) BAMM 途径; (e) 微乳途径。但是, 药物在乳剂 / 微乳中的残余部分可与水性溶液中的游离药物达到平衡, 或者, 反过来, 游离药物分配进入 BAMM 颗粒。药物可以药物 BAMM 颗粒的形式经碰撞转运向多糖包被转移, 也可以从残余的微乳颗粒向多糖包被转移。水性介质中的游离药物可通过水性通道吸收。肠细胞内的处理可使药物经由静脉或淋巴转运

图 5–3 SEDDS 制剂中的难溶性亲脂药物的 3 种吸收途径

图 5-3 中，难溶性药物的 SSEDDS 制剂经口服后，S-SEDDS 微乳在胃肠道中形成过饱和状态，游离药物浓度增加，经水性通道的小肠吸收增加，达峰时间 (T_{max}) 缩短。

（二）高亲脂性化合物的肠细胞吸收

一些高亲脂性化合物，如胆固醇、维生素 E、维生素 A、维生素 K 以及各种 lg$P$>8 的类胡萝卜素和植物甾醇类，属于极难溶药物。这些亲脂性极好和亲水性极差的化合物易于从食物中吸收。植物甾醇，β-谷甾醇和菜油甾醇的乳化剂型（含表面活性剂和油）生物利用度要优于简单大豆油溶液剂。

（三）多糖包被在 SEDDS/S-SEDDS 制剂药物吸收中的重要作用

附于肠腔或肠细胞顶端表面的柱状微绒毛表面由糖蛋白和糖脂组成的紧密多糖包被。多糖包被作为一种生理屏障，可以阻止肠腔中的食物颗粒和微粒（包括微乳）与肠微绒毛直接接触。SEDDS/S-SEDDS 微乳颗粒或其残留物中的药物进入多糖包被，从而促进药物经水性途径的吸收。

第三节　脂质体

脂质体（liposome）系指将药物包封于类脂质双分子层内而形成的微型泡囊体。具有类细胞膜结构，在体内可被网状内皮系统视为异物识别、吞噬，主要分布在肝脾、肺和骨髓等组织器官，从而提高药物的治疗指数。脂质体粒径小，组成脂质体的磷脂和胆固醇又是两亲性的，所以可以用来增溶水难溶性物质，以提高药物的吸收和生物利用度。脂质体作为药物的载体，具有靶向性、缓释性，可增加疗效，降低药物的毒副作用。各种脂质胶体系统的物理特征如表 5-1 所示。图 5-4 是脂质胶束增溶改善吸收机理。

表 5-1　各种脂质胶体系统的物理特征

	胶束	微乳	乳剂	脂质体
自发形成	是	是	否	否
热力学稳定	是	是	否	否
浊度	透明	透明	混浊	根据粒径大小，从透明到混油
典型粒径范围	<0.01μm	约 0.1μm 或更小	0.5~5μm	0.025~25μm
助表面活性剂的使用	否	是	否	否
表面活性剂浓度	<5%	>10%	1%~20%	0.5%~20%
分散相浓度	<5%	1%~30%	1%~30%	1%~30%

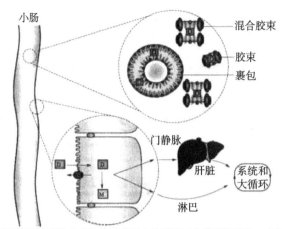

脂质制剂可以通过药物在产生的胶束相中的增溶而改善药物吸收，主要是来
源于胆汁的胆酸混合胶束高亲脂性药物可经淋巴吸收，从而避开首过肝代谢

图 5-4　脂质胶束增溶改善吸收机理

一、脂质体的组成与结构

脂质体是以磷脂、胆固醇为膜材，添加相关附加剂组成的双分子层结构，类似"人
工生物膜"，易被机体消化分解。胆固醇具有调节膜流动性的作用，故可称为"脂质体
的流动性缓冲剂"。磷脂包括天然的卵磷脂、脑磷脂、大豆磷脂以及合成磷脂如二棕榈
酰-DL-α-磷脂酰胆碱等。磷脂双层构成一个封闭小室，内部包含水溶液，小室中水溶
液被磷脂双层包围而独立，磷脂双室形成泡囊又被水相介质分开。脂质体可以是单层的
磷脂双层形成泡囊称为单室脂质体见图5-5，也可以是多层的磷脂双层的泡囊称为多室
脂质体见图5-6。在电镜下，脂质体的外形常见约有球形、椭圆形等，直径从几十纳米
到几微米之间。

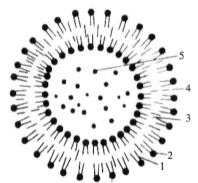

1.亲油基团；2.亲水基团；3.类脂质双分子层；4.脂溶性药物；5.水溶性药物

图5-5　单室脂质体结构

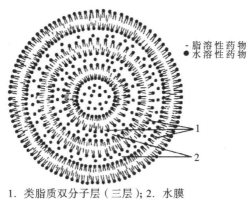

1. 类脂质双分子层（三层）；2. 水膜
图 5-6 多室脂质体结构

二、脂质体的特点

脂质体是一种药物载体，既可包封脂溶性药物，也可包封水溶性药物。药物被脂质体包封后其主要特点如下。

（一）靶向性

载药脂质体进入体内可被巨噬细胞作为外界异物而吞噬，主要被单核-巨噬细胞系统的巨噬细胞所吞噬而摄取，形成肝、脾等网状内皮系统的被动靶向性。脂质体可用于治疗肝肿瘤和防止肿瘤扩散转移，以及肝寄生虫病、利什曼病等单核-巨噬细胞系统疾病。如抗肝利什曼原虫药锑酸葡胺被脂质体包封后，药物在肝中的浓度提高 200~700 倍。脂质体经肌肉、皮下或腹腔注射后，可首先进入局部淋巴结中。

（二）细胞亲和性与组织相容性

因脂质体是类似生物膜结构的泡囊，对正常细胞和组织无损害和抑制作用，有细胞亲和性与组织相容性，并可长时间吸附于靶细胞周围，使药物能充分向靶细胞、靶组织渗透，脂质体也可通过融合进入细胞内，经溶酶体消化释放药物。如将抗结核药物包封于脂质体中，可将药物载入细胞内杀死结核菌，提高疗效。

（三）缓释作用

将药物包封成脂质体，可减少肾排泄和代谢，延长药物在血液中的滞留时间，使药物在体内缓慢释放，从而延长了药物的作用时间。如按 6mg/kg 剂量静注阿霉素和阿霉素脂质体，两者载体内过程均符合三室模型，两者的消除半衰期分别为 17.3h 和 69.3h。

（四）降低药物毒性

药物被脂质体包封后，有效地在肝、脾和骨髓等单核-巨噬细胞较丰富的器官中浓集。将对心、肾有毒性的药物或对正常细胞有毒性的抗癌药包封脂质体后，可明显降低药物的毒性。如两性霉素 B，它对多数哺乳动物的毒性较大，制成两性霉素 B 脂质体，可使其毒性大大降低，而不影响抗真菌活性。

（五）提高药物稳定性

一些不稳定的药物被脂质体包封后，可受到脂质体双层膜的保护。如青霉素 G 盐对酸不稳定，口服易被胃酸破坏，制成脂质体则可提高其稳定性和口服吸收的效果。

三、脂质体的制备方法

（一）注入法

将磷脂与胆固醇等类脂质及脂溶性药物共溶于有机溶剂中（一般多采用乙醚），再将此药液经注射器缓缓注入加热至 50~60℃（并用磁力搅拌）的磷酸盐缓冲液（可含有水溶性药物）中，加完后，不断搅拌至乙醚除尽为止，即制得脂质体，其粒径较大，不适宜静脉注射。再将脂质体混悬液通过高压乳匀机两次，所得的成品大多为单室脂质体，少数为多室脂质体，粒径绝大多数 2μm 以下。如亚油酸脂质体，称取 1g 精制大豆磷脂、1g 胆固醇、1g 亚油酸及 2g 油酸山梨坦溶于 30ml 乙醚中，然后滴注于 100ml 60℃的磷酸盐缓冲液，继续用磁力搅拌器搅拌，加适量缓冲盐溶液至 100ml 即得。

（二）薄膜分散法

将磷脂、胆固醇等类脂质及脂溶性药物溶于氯仿（或其他有机溶剂）中，然后将氯仿溶液在玻璃瓶中旋转蒸发，使在烧瓶内壁上形成薄膜；将水溶性药物溶于磷酸盐缓冲液中，加入烧瓶中不断搅拌，即得脂质体。如 5-氟尿嘧啶脂质体，将磷脂（卵磷脂或脑磷脂）、胆固醇与磷酸二鲸蜡酯按摩尔比 7:2:1（或 4.8:2.8:1）配成氯仿溶液，真空蒸发除去氯仿，使在器壁上形成薄膜，加入 0.01mol/L 的 pH6.0 磷酸盐等渗缓冲溶液，其中含 5-氟尿嘧啶 77mmol/L 类脂质在缓冲液中的浓度为 50~70mmol/L，加玻璃珠数枚，搅拌 2min，在 25℃放置 2h，使薄膜吸胀；再在 25℃搅拌 2h，得到粒径为 0.5~5μm 的脂质体。

（三）超声波分散法

将水溶性药物溶于磷酸盐缓冲液，加入磷脂、胆固醇与脂溶性药物共溶于有机溶剂的溶液，搅拌蒸发除去有机溶剂，残液经超声波处理，然后分离出脂质体，再混悬于磷酸盐缓冲液中，制成脂质体混悬型注射剂。凡经超声波分散的脂质体混悬液，绝大部分为单室脂质体。多室脂质体只要经超声处理后亦能得到相当均匀的单室脂质体。如肝素脂质体的制备：取肝素 30~50mg 溶于 pH7.2 的磷酸盐缓冲液中，在氮气流下加入到由磷脂 26mg、胆固醇 4.4mg、磷酸二鲸蜡酯 3.11mg 溶于 5ml 氯仿制成的溶液中，蒸发除去氯仿、残液经超声波分散，分离出脂质体，重新混悬于磷酸盐缓冲液中。可供口服或注射给药。

（四）逆相蒸发法

逆相蒸发法系将磷脂等膜材溶于氯仿、乙醚等有机溶剂中，加入待包封药物的水溶液（有机溶剂用量是水溶液的 3~6 倍）进行短时间超声处理，直到形成稳定的 W/O 型乳剂，再减压蒸发除去有机溶剂，达到胶态后，滴加缓冲液，旋转使器壁上的凝胶脱落，在减压下继续蒸发，制得水性混悬液，通过凝胶色谱法或超速离心法，除去未包入的药物，即得大单室脂质体。本法特点是包封的药物量大，体积包封率可大于超声波分散法 30 倍，它适合于包封水溶性药物及大分子生物活性物质，如各种抗生素、胰岛素、免疫球蛋白、碱性磷脂酶、核酸等。如超氧化物歧化酶（SOD）脂质体的制备：取卵磷脂 100mg 和胆固醇 50mg 溶于乙醚中，加入 4mmol/L 磷酸盐缓冲溶液（PBS）配成 SOD 溶液，超声处理 2min（每处理 0.5min，间歇 0.5min），立即在水浴中减压旋转蒸发至呈现凝胶状，漩涡振荡使凝胶转相，再继续蒸发除尽乙醚，超速离心（35000r/min，30min）分离除去未包衣的 SOD，用水洗涤沉淀 2 次，离心，用 10mmol/L PBS 稀释沉淀即得。

（五）冷冻干燥法

用超声将磷脂分散于缓冲盐溶液中，加入冻结保护剂（如甘露醇、右旋糖酐、海藻酸等）冷冻干燥后，再将干燥物分散到含药物的缓冲盐溶液或其他水性介质中，即可形成脂质体。此法适合包封对热敏感的药物。如维生素 B_{12} 脂质体：取卵磷脂 2.5g 分散于 67mmol/L 的 pH7.0 的磷酸盐缓冲液与 0.9%NaCl（1:1）混合液中，超声处理，与甘露醇混合真空冷冻干燥，用含 12.5mg 维生素 B_{12} 的上述缓冲溶液分散，超声处理，即得维生素 B_{12} 脂质体。

四、脂质体作为药物载体的应用

脂质体应用最广泛的是抗肿瘤药物载体。利用脂质体的靶向性，可提高抗癌药物的选择性，降低化疗药物的毒副作用，提高化疗药物的治疗指数。同时脂质体能够增加药物与癌细胞的亲和力，克服或延缓耐药性，增加癌细胞对药物的摄入量，降低用药剂量，提高疗效。

除了抗肿瘤药物载体外，脂质体也被应用于：①抗寄生虫药物载体。脂质体具有被动靶向性，静脉注射后，可迅速被网状内皮细胞摄取，达到治疗相关疾病的目的。例如利什曼病和疟疾是由于某种寄生虫侵入网状内皮系统所引起的疾病。②抗菌药物载体。将抗生素包封于脂质体，利用其与细胞膜的特异性亲和力，可提高抗菌作用。如将庆大霉素制成脂质体后能显著提高肺炎模型小鼠体内血药浓度，对肺炎球菌的抑制作用明显高于游离药物组，提高小鼠存活率。③激素类药物载体。脂质体包封抗炎甾体激素后，可使药物与血浆蛋白的结合率下降，血浆中游离药物浓度增大；脂质体将药物浓集在炎症部位，通过吞噬和融合作用释放药物，使药物在低剂量下达到治疗作用，降低剂量，减少了激素的毒副作用。

第四节　纳米混悬剂

一、概述

纳米混悬剂是 20 世纪末发展起来的一种纳米微粒药物传递系统。作为一种新的制剂技术，纳米混悬剂在提高低溶解度药物的生物利用度和有效性等方面发挥了重要作用。

纳米混悬剂是以表面活性剂为助悬剂，将药物颗粒分散在水中，通过粉碎或者控制析晶技术形成的稳定的纳米胶态分散体。不论是难溶于水的药物还是既难溶于水又难溶于油的药物，都可以通过纳米技术制备得到相应的纳米混悬剂，达到载药量高和毒性小的目的。同时也可以达到缓释和靶向的作用，增溶水难溶性药物的溶解度。纳米粒的粒径小于100nm，静脉给药，耐受性好，但也存在长期稳定性问题。

纳米混悬剂是胶态分散体系，与普通混悬剂相比，其药物粒子的平均粒径小于 $1\mu m$，一般在 200~500nm。与基质骨架型纳米体系的区别在于：纳米混悬剂无需载体材料，它是通过表面活性剂的稳定作用，将纳米尺度的药物粒子分散在水中形成的稳定体系。

二、纳米混悬剂的特点

纳米混悬剂具有如下优点：①提高药物溶解度和溶出速率，如头孢泊肟酯纳米混悬剂；②与黏膜组织有好的黏附性，如阿托伐醌纳米混悬剂；③载药量高，降低了给药体积，增加了生物安全性；④提高药物制剂的稳定性，如阿莫西林纳米干混悬剂；⑤可以实现靶向给药，如布帕伐醌纳米混悬剂；⑥适用范围广；⑦制备方法多，工艺简单，可适用于大生产。

三、纳米混悬剂的制备方法

目前制备纳米混悬剂的方法主要有物理分散法和化学反应法。物理分散法包括高压匀质法、乳化-溶剂蒸发法、熔融分散法等。化学反应法包括乳化聚合法、天然高分子法等。

四、纳米混悬剂的应用

由于纳米混悬剂具有增溶、缓释和靶向作用，上市品种越来越多，如治疗乳腺癌药物紫杉醇 (abraxaneo)、免疫抑制剂西罗莫司 (rapamuneo) 及止吐药阿瑞吡坦 (emendo) 等。

（一）口服给药

口服给药是药物的首选给药途径，因其安全、方便等，目前市售纳米混悬剂大部分都是口服给药。将水溶性差的药物制成纳米混悬剂后，药物的粒径减小、表面积增大，使溶解度和溶出率均增加，吸收速率也加快。

（二）注射给药

通过静脉注射给药，药物在体内几乎能达到 100% 的生物利用度。然而，静脉注射对药物的要求很苛刻，如制剂必须保证无菌，制剂成分在体内不能引起毒性反应和过敏反应等问题。纳米混悬剂可以制成绝对安全的可用于静脉注射的药物制剂，广泛适用于低溶解度的药物。

（三）吸入给药

纳米混悬剂较微粒制剂显著增加了呼吸道的药物吸收，而全身性吸收减少。纳米混悬剂对肺泡巨噬细胞的靶向给药更引人注目：可提高靶细胞内的药物浓度并降低全身性药物浓度，因而可减少潜在的毒性和用药次数。

（四）其他

其他给药方式包括眼部给药、中枢神经系统给药等。

第五节　微囊与微球

微型包囊技术，简称微囊化，是近几十年应用于药物的新工艺、新技术，系以天然的或合成的高分子材料（统称为囊材）作为囊膜壁壳，将固态药物或液态药物（统称为囊心物）包裹形成药库型微型胶囊的技术，简称微囊（microcapsule）。也可使药物溶解或分散在高分子基质中，形成微小球状实体的固体骨架物——微球（microsphere）。微囊和微球的粒径属微米级。

近年来采用微囊化技术的药物已有数十种，如解热镇痛药、抗生素、多肽、避孕药、维生素等，上市的微囊化商品有红霉素片（美国）、β 胡萝卜素片（瑞士）等。

一、微囊 / 微球特点

药物制成微囊或微球后，可以：①掩盖药物的不良气味及口味，如鱼肝油、氯贝丁酯、生物碱类以及磺胺类等。②提高药物的稳定性，如易水解的阿司匹林、易挥发的挥发油类、易氧化的 β 胡萝卜素等药物。③防止药物在胃内失活或减少对胃的刺激性，如红霉素、胰岛素等易在胃内失活，氯化钾、吲哚辛美等刺激胃易引起胃溃疡。微囊化可克服这些缺点。④使液态药物固态化便于应用与贮存，如油类、香料、脂溶性维生素等。⑤减少复方药物的配伍变化。将药物分别包囊后可避免药物之间可能产生的配伍变化。如阿司匹林与扑尔敏配伍后可加速阿司匹林的水解。分别包衣后得以改善。⑥缓释、控释药物可采用惰性物质、生物降解材料、亲水性凝胶等，制成微囊（球）使药物缓释、控释，再制成缓释、控释制剂。⑦使药物浓集于靶区。如治疗指数低的药物或细胞毒素物（抗癌药）制成微囊（球）的靶向制剂，可将药物浓集于肝或肺等靶区，提高疗效，降低毒副作用。⑧可将活细胞或生物活性物质包囊，如胰岛素、血红蛋白等，在体内可发挥生物活性作用，且有良好的生物相容性和稳定性。

二、组成

（一）囊心物

微囊的囊心物组成包括主药及附加剂。囊心物可以是固体，也可以是液体。附加剂用于提高药物微囊化的质量，如稳定剂、稀释剂、控制释放速率的阻滞剂、促进剂以及改善囊膜可塑性的增塑剂等。

囊心物的制备：通常将主药与附加剂混匀后微囊化，也可先将主药单独微囊化，再加入附加剂。若有多种主药，可将其混匀再微囊化，亦可分别微囊化后再混合，这取决于设计要求、药物、囊材和附加剂的性质及工艺条件等。采用不同的工艺条件时，对囊心物也有不同的要求。相分离凝聚法中一般是水不溶性的囊心物，而相界面缩聚法中一般是水溶性的囊心物。此外，囊心物与囊材的比例要适当，如囊心物过少，易制成空囊。

（二）囊材

囊材指用于包囊、制作微球或毫微球所需的材料。

囊材的一般要求：性质稳定；有适宜的释放速率；无毒、无刺激性；能与药物配伍，不影响药物的药理作用及含量测定；有一定的强度及可塑性，能完全包封囊心物；有符合要求的黏度、渗透性、亲水性、溶解性、降解性等特性。注射用微球囊材应具有生物降解性。

常用囊材可分为天然的、半合成或合成的高分子材料。

1. 天然高分子囊材

天然高分子材料性质稳定、无毒、成膜性或成球性较好，是最常用的囊材与载体材料。常见的有明胶、阿拉伯胶、海藻酸盐、壳聚糖等。海藻酸盐系多糖类化合物，常用稀碱从褐藻中提取而得。海藻酸钠可溶于不同温度的水中，不溶于乙醇、乙醚等有机溶剂。不同分子量产品的黏度有差异，可与甲壳素或聚赖氨酸合用作复合材料。因海藻酸钙不溶于水，故海藻酸钠可用 $CaCl_2$ 固化成囊。壳聚糖可溶于酸或酸性水溶液，无毒、无抗原性，在体内能被溶菌酶等酶解，具有优良的生物降解性和成膜性，在体内可溶胀成水凝胶。

2. 半合成高分子囊材

作囊材的半合成高分子材料多系纤维素衍生物，毒性小、黏度大、成盐后溶解度增大。常见的有甲基纤维素（MC）、羟丙甲纤维素（HPMC）、羧甲基纤维素盐、EC、CAP 等。

3. 合成高分子囊材

合成高分子囊材包括非生物降解的和可生物降解的两类。非生物降解且不受溶液 pH 影响的囊材有聚酰胺、硅橡胶等。生物不降解，但在一定 pH 条件下可溶解的囊材有聚丙烯酸树脂、聚乙烯醇等。可生物降解材料包括应用聚乳酸（PLA）、丙交酯乙交酯共聚物、聚乳酸——聚乙二醇嵌段共聚物（PLA-PEG）等，无毒、成膜性好、化学稳定性好，可用于注射。

三、微囊制备方法

有物理化学法、物理机械法和化学法三大类。根据药物和囊材的性质、微囊的粒径、释放性能以及靶向性的要求，可选择不同的微囊化方法。

（一）物理化学法

物理化学法又称相分离法，是在囊心物与囊材的混合溶液中加入另一种不良溶剂，或采取其他适当手段使囊材的溶解度降低，自溶液中形成新相（凝聚相）。相分离法已成为药物微囊化的主要工艺之一，它所用设备简单，高分子材料来源广泛，适用于多种类别的药物微囊化。

根据形成新相方法的不同，相分离法分为单凝聚法、复凝聚法、溶剂-非溶剂法、改变温度法和液化干燥法。

1. 单凝聚法

单凝聚法系以一种高分子化合物（明胶、CAP、EC 等）为囊材，将囊心物分散在囊材的溶液中，然后加入凝聚剂(降低溶解度)，使之凝聚成微囊或微球。凝聚剂包括乙醇、丙酮等强亲水性非电解质或如硫酸钠、硫酸铵等强亲水性电解质。凝聚是可逆的，一旦解除促进凝聚的条件，就可发生解凝聚，使形成的囊很快消失。制备时可利用这种可逆性进行几次凝聚与解凝聚，直到制成满意的微囊（可用显微镜观察），最后再通过固化使之成为不粘连、不凝结、不可逆的球形微囊。

2. 复凝聚法

复凝聚法系以两种相反电荷的高分子材料作复合囊材，在一定条件下囊心物分散在囊材溶液中，利用相反电荷相互交联形成复合囊材，溶解度降低，囊材自溶液中凝固析出成囊。常见的复合材料有明胶与阿拉伯胶（或羧甲基纤维素 CMC、CAP 等多糖）、海藻酸盐与聚赖氨酸、海藻酸盐与壳聚糖等。该法适合于难溶性药物的微囊化。

3. 溶剂-非溶剂法

溶剂-非溶剂法系指在囊材溶液中加入一种对该聚合物不溶的溶剂（非溶剂），引起相分离而将药物包成微囊的方法。使用疏水囊材，要用有机溶剂溶解。疏水性药物可与囊材混合，亲水性药物不溶于有机溶剂，可混悬在囊材溶液中。然后加入争夺有机溶剂的非溶剂，使材料降低溶解而从溶液中分离，滤过，除去有机溶剂即得微囊。

4.改变温度法

本法系通过控制温度成囊，而不需加凝聚剂。EC作囊材时，可先在高温溶解，然后降温成囊。用聚异丁烯（PIB）作稳定剂可改善微囊间的粘连。用PIB与EC、环己烷组成的三元系统，在80℃溶解成均匀溶液，缓慢冷却至45℃，再迅速冷却至25℃，EC可凝聚成囊。

5.液化干燥法

液化干燥法又称溶剂挥发法，系指从囊心物和囊材所形成的乳状液中去除挥发性溶剂以制备微囊的方法。液中干燥法的干燥工艺包括两个基本过程：溶剂萃取过程（两液相之间）和溶剂蒸发过程（液相和气相之间）

操作方法可分为连续干燥法、间歇干燥法和复乳法。前两者应用于O/W型、W/O型、O/O型（如乙腈/液状石蜡/丙酮/液状石蜡等）乳状液，复乳法应用W/O/W型或O/W/O型复乳。它们都要先制备囊材的溶液，乳化后囊材溶液存在于分散相中，与连续相不相混溶，但囊材溶剂对连续相应有一定的溶解度，否则萃取过程无法实现。连续干燥法和间歇干燥法中，如所用囊材溶剂能溶解药物，则得到的是微球，反之得到的是微囊。复乳法制得的是微囊。

（二）物理机械法

物理机械法是将液体药物或固体药物在气相中进行微囊化的技术，主要有喷雾干燥法和流化床包衣法等，需要一定的设备条件。

水溶性和脂溶性的、固态或液态药物的微囊化均可以选用上述物理机械法中的任一种，其中以喷雾干燥法最常用。采用物理机械法时，囊心物通常有一定损失且微囊有粘连。但囊心物损失在5%左右、粘连在10%左右，一般认为是合理的。

1.喷雾干燥法

将囊心物分散在囊材的溶液中，喷雾到惰性热气流的雾化室中，使溶剂迅速蒸发，囊材固化，将囊心物包成5000~6000pm的类球形微囊。成品流动性好，质地疏松。

2.流化床包衣法

流化床包衣法又称空气悬浮包衣法，利用垂直强气流使囊心物悬浮在包衣室中，囊材溶液通过喷雾附着于含有囊心物的微粒表面，通过热气流将囊材溶液剂挥去，囊心物包成膜壳型微囊。囊材可以是多聚糖、明胶、树脂、蜡、纤维素衍生物及合成聚合物。

为防止药物微粒之间的粘连，在药物微粉化过程中加入适量的滑石粉或硬脂酸镁，然后再通过流化床包衣。

3. 其他方法

其他方法包括多孔离心法、锅包衣法等。

（三）化学法

在溶液中单体或高分子通过聚合反应或缩合反应制备微囊的方法称为化学法。本法的特点是不加凝聚剂，通常是先将药物制成 W/O 型乳浊液，再利用化学反应交联固化。

1. 界面缩聚法

界面缩聚法亦称界面聚合法，是在分散相（水相）与连续相（有机相）的界面上发生单体的聚合反应。

2. 辐射交联法

辐射交联法系将明胶或 PVP 等囊材在乳化状态下，经 λ 射线等照射发生交联，再处理制得粉末状微囊。该法的特点是工艺简单，成型容易。

四、微球制备方法

微球指药物溶解或分散在高分子材料中形成的微小球状实体，亦称基质型骨架微粒。据载体材料不同微球可分为天然高分子微球（白蛋白微球、明胶和淀粉微球）和合成聚合物微球（聚乳酸微球）等。靶向微球的多数是生物降解材料，如蛋白类（明胶、白蛋白等）、糖类（琼脂糖、淀粉、葡聚糖、壳聚糖等）、聚酯类（如聚乳酸、丙交酯乙交酯共聚物等）；此外，少数非生物降解材料如聚丙烯也用作微球载体。

理想微球应为大小均匀的球形，分散性好，互不粘连。微球的制备方法有以下四种。

（一）加热固化法

当白蛋白作载体时，利用白蛋白受热固化凝固的性质，在 100~180℃条件下加热使内相固化并分离制备的方法。将药物与载体溶液混合后，加入含乳化剂的油相中制成油包水（W/O）型初乳，搅拌下注入 100~180℃的油中，使白蛋白乳滴固化成球。

（二）交联剂固化法

对于受热不稳定的水溶性药物，先溶解或均匀分散于载体材料中，采用化学交联剂如甲醛、戊二醛等使内相固化经分离制备微球。

（三）溶剂蒸发法

将水不溶性载体材料溶解在有机溶剂中，再与药物混匀后，加入水相中，超声乳化制成 O/W 型初乳，继续搅拌至有机溶媒蒸发使之成为微球。

（四）凝聚法

制备原理与微囊中的相分离——聚集法一致。即将药物与载体材料的混合物溶液，通过外界物理化学因素的影响使载体材料溶解度发生改变，聚集包囊药物自溶液中析出。常用的载体包括明胶和阿拉伯胶。

五、质量评价

目前微囊（球）的质量评价，除制成制剂应符合药典有关制剂的规定外，还包括以下内容。

（一）微囊（球）的囊形与粒径

微囊（球）形态应为圆球形或椭圆形的封闭囊状物，可采用光学显微镜、扫描或电子显微镜观察形态并提供照片。不同微囊（球）制剂对粒径有不同的要求。注射剂的微囊（球）粒径应符合药典中混悬注射剂的规定；用于静脉注射起靶向作用时，应符合静脉注射的规定。

（二）微囊（球）中药物含量的测定

微囊（球）中药物含量的测定一般采用溶剂提取法。溶剂的选择原则是使药物最大限度溶出而囊材很少溶解，溶剂本身不干扰测定。

（三）微囊（球）中药物的载药量与包封率

微囊（球）的载药量 = 微囊（球）内的药量 / 微囊（球）的总重量 ×100%

包封率 = 微囊（球）内的药量 / 微囊（球）和介质中的总药量 ×100%

对于粉末状微囊（球）可以仅测定载药量。对于载液态介质中的微囊（球），用离心或滤过等方法将微囊（球）分离后，称取一定重量的微囊（球），分别测定介质中与微囊（球）内的载药量与包封率。微囊（球）的包封率和载药量高低取决于采用的工艺。喷雾干燥法和空气悬浮法可制得包封产率 95% 以上的微囊（球）。但是用相分离法制得的微囊（球），包封率常为 20%~80%。微囊（球）内的药量占投药总量的百分率称为药物的包封产率，对于评价微囊（球）的质量意义不大，可用于评价工艺。

（四）微囊（球）中药物释放的速率

为了掌握微囊（球）中药物的释放规律和释放机理等，必须对微囊（球）进行释放速率的测定。根据微囊（球）的特点，可采用《中华人民共和国药典》2015 年版第四部溶出度测定法中第二法（桨法）等进行测定，也可将试样置薄膜透析管内按第一法（转篮法）进行测定。如果条件允许，也可采用流池法测定。

（五）有机溶剂残留量

凡工艺中采用有机溶剂者，应测定有机溶剂残留量，并不得超过有关规定的限量。

◎　阶段性习题与答案

药物制剂新剂型

中 篇

第六章　缓释、控释制剂

第一节　缓释、控释制剂概述

一、缓释、控制剂的概念

缓释、控释制剂属于调节释放给药系统。因其具有提高药物疗效，降低毒副作用，给药次数少，患者适应性高，血药浓度峰谷波动小，胃肠道刺激反应轻，疗效持久安全等优点，引起了人们的极大重视和兴趣，其研究和实践已有 40 余年历史。目前缓释、控释制剂发展迅速，上市品种繁多，如硝苯地平控释片、双氯芬酸钠缓释胶囊、盐酸、维拉帕米等，专利技术不断涌现。

（一）普通制剂

普通制剂常常一日口服或注射给药几次，不仅使用不便，而且血药浓度起伏很大，会出现"峰谷"现象。血药浓度高峰时，可能产生副作用，甚至出现中毒现象；低谷时可能在治疗浓度以下，以致不能显现疗效。缓释、控释制剂则可较缓慢、持久地传递药物，减少用药频率，避免或减少血浓峰谷现象，提高患者的顺应性并提高药物药效和安全性。血药浓度峰-谷如图 6-1 所示。

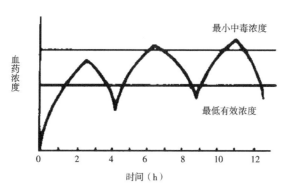

图 6-1　血药浓度峰-谷

（二）缓控释制剂

缓释、控释制剂与普通制剂的比较如图 6-2 所示。

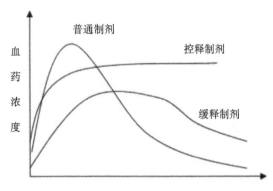

图 6-2　缓释、控释制剂与普通制剂的比较

缓释制剂，指在规定释放介质中，按要求缓慢地非恒速释放药物的制剂。与相应的普通制剂比较，其给药频率比普通制剂至少减少了一半，或给药频率比普通制剂有所减少且能显著增加患者的顺应性或疗效的制剂。其中药物释放主要是一级速度过程，对于注射型制剂，药物的释放可持续数天至数月；口服剂型的持续时间根据其在消化道的滞留时间，一般以小时计。

控释制剂，指在规定释放介质中，按要求缓慢地恒速或接近恒速释放药物的制剂。其与相应的普通制剂比较，给药频率比普通制剂至少减少了一半，或给药频率比普通制剂有所减少，且能显著增加患者的顺应性或疗效的制剂。

广义的控释制剂包括控制释药的速度、方向和时间，靶向制剂、透皮吸收制剂等都属于控释制剂的范畴。狭义的控释制剂则一般是指在预定时间内以零级或接近零级速度释放药物的制剂。

缓释制剂与控释制剂的主要区别如下：缓释制剂是按时间变化先多后少地非恒速释放，即以一级动力学或其他规律释放药物。控释制剂是按零级速率规律释放，即其释药是不受时间影响的恒速释放，可以得到更为平稳的血药浓度，"峰谷"波动更小，直至基本吸收完全。缓释、控释制剂也包括眼用、鼻腔、耳道、阴道、直肠、口腔或牙用、透皮或皮下、肌内注射及皮下植入等。该类制剂使药物缓慢释放吸收，避免肝门静脉系统的"首过效应"的制剂。

（三）迟释制剂

迟释制剂指在给药后不立即释放药物的制剂，如为避免药物在胃内灭活或对胃的刺激，而延迟到肠道或结肠定位释放的制剂，也包括在某种条件下或在指定时间突然释放的脉冲制剂。不同类型迟释系统及其释药过程如图6-3所示。

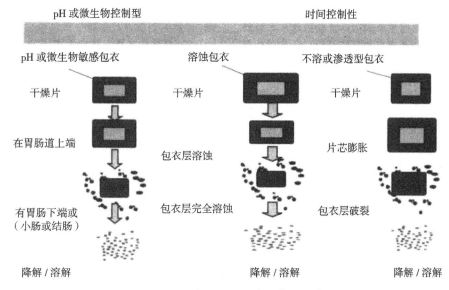

图6-3 不同类型迟释系统及其释药过程

肠溶制剂系指在规定的酸性介质中不释放或几乎不释放药物，而在要求的时间内，于pH6.8磷酸盐缓冲液中大部分或全部释放药物的制剂，如阿司匹林肠溶片。

结肠定位制剂指在胃肠道上部基本不释放、在结肠内大部分或全部释放的制剂，即一定时间内在规定的酸性介质与pH6.8磷酸盐缓冲液中不释放或几乎不释放，而在要求的时间内，于pH7.5~8.0磷酸盐缓冲液中大部分或全部释放的制剂，如用于治疗溃疡性结肠炎的美沙拉嗪结肠给药制剂。

脉冲制剂系指不立即释放药物，而在某种条件下（如在体液中经过一定时间或一定pH或某些酶作用下）一次或多次突然释放药物的制剂，如利他林长效胶囊。

二、缓释、控释制剂的特点

（一）缓释、控释制剂的优点

①对半衰期短或需频繁给药的药物，可以减少服药次数，如普通制剂每天3次，制成缓释或控释制剂可改为每天一次，从而提高患者顺应性，使用方便。特别适用于需要长期服药的慢性疾病患者，如心血管病、高血压患者等。②使血液浓度平稳，避免峰谷现象，有利于降低药物的毒副作用。特别适用于治疗指数较窄的药物。③可减少用药的

总剂量，因此可用最小剂量达到最大药效。④某些有首过效应的药物，制备成缓释、控释制剂可能使生物利用度降低或升高，如盐酸普萘洛尔缓释胶囊（心得安）。

（二）缓、控释制剂的不足

在临床应用中对剂量调节的灵活性降低，如果遇到某种特殊情况（如出现较大副反应），往往不能立即停止治疗。有些国家增加缓释制剂品种的规格，可缓解这个缺点，如硝苯地平有 20mg，30mg，40mg，60mg 等规格；缓释制剂往往是基于健康人群的平均动力学参数而设计，当药物在疾病状态的体内动力学特性有所改变时，不能灵活调节给药方案；制备缓、控释制剂所涉及的设备和工艺费用较常规制剂昂贵。

三、缓释、控释制剂的分类

缓释、控释制剂按给药途径主要分为口服、透皮吸收、腔道黏膜给药、植入等。根据设计原理的不同，缓释、控释制剂主要有骨架型和膜控型两种。骨架型缓释、控释制剂是指药物与一种或多种惰性固体骨架材料通过压制或融合技术制成的制剂。骨架型缓释、控释剂包括亲水凝胶骨架片、溶蚀性骨架片、不溶性骨架片和骨架型小丸等。膜控型缓释、控释制剂系指药物被包裹在高分子聚合物膜内形成的制剂。膜控型缓释、控释剂包括微孔膜包衣片、膜控释小片、肠溶膜控释片、膜控释小丸等。此外，缓释、控释制剂还包括渗透泵控释制剂、多层缓控释片、注射控释制剂、植入型缓控释制剂等。

四、适宜制成缓释、控释制剂的药物和条件

适宜制备缓释、控释制剂的药物一般为：①半衰期比较短（如 $t_{1/2}$ 在 2 到 8h 之间）②一次给药剂量为 0.5~1.0g；③油水分配系数适中。

制备缓释、控释制剂的首选药物是抗心律失常药、抗心绞痛药、降压药、抗组胺药、支气管扩张药、抗哮喘药、解热镇痛药、抗精神失常药、抗溃疡药、铁盐、氯化钾等。

五、不适宜制成缓释、控释制剂的药物

通常不适宜制成缓释、控释制剂的药物主要有以下几种。

（一）生物半衰期很短（<1h）或很长（>24h）的药物

一般半衰期为 2~8h 较适合，如格列吡嗪；在整个胃肠道吸收或小肠下端有效吸收的药物，如双氯芬酸钠，适于制成 24h 给药一次的缓释、控释制剂。

（二）一次剂量很大药物（普通制剂剂量 >1g）

一般缓释、控释制剂的剂量为普通剂型的 2~4 倍，由剂量相加而成。若太大，压制成片剂时，吞服比较困难（且缓释、控释制剂常需整片服用，否则骨架被破坏，导致血药浓度迅速升高产生毒副作用）。若制成胶囊剂因剂量大且制备工艺复杂，每次需服用多粒。

（三）溶解度太小、吸收无规则、吸收差或吸收受药物和机体生理条件影响的药物

这类药物包括吸收受 pH 影响较大的药物；具有特定吸收部位的药物，如维生素 B_2 只在小肠一段区域吸收，阿莫西林在胃及小肠上端吸收，它们制成口服缓释制剂的效果不佳。

（四）其他药物

有些药物在治疗过程中，需要使血药浓度出现峰谷现象以产生更好的疗效。如青霉素等抗生素类药物制成缓控释剂型，则容易产生耐药性。但并不是没有此类制剂，目前已上市的有头孢氨苄缓释片等。

六、常用辅料

缓释、控释制剂中多以高分子化合物作为阻滞剂（retardants）控制药物的释放速度。其阻滞方式有骨架型、包衣膜型和增稠作用等。

（一）骨架型阻滞材料

①溶蚀性骨架材料，常用的有动物脂肪、蜂蜡、巴西棕榈蜡、氢化植物油、硬脂醇、单硬脂酸甘油酯等，可延滞水溶性药物的溶解、释放过程；②亲水性凝胶骨架材料，有甲基纤维素（MC）、羧甲纤维素钠（CMC—Na）、羟丙基甲基纤维素（HPMC）、聚维酮（PVP）、卡波姆（又称卡波普、卡波沫，carbomer，carbopol）、海藻酸盐、壳聚糖等；③不溶性骨架材料，有 EC、聚甲基丙烯酸酯、无毒聚氯乙烯、聚乙烯、乙烯－醋酸乙烯共聚物、硅橡胶等。

（二）包衣膜阻滞材料

①不溶性高分子材料，如用做不溶性骨架材料的 EC 等；②肠溶性高分子材料，如 CAP、丙烯酸树脂 L、S 型、羟丙甲纤维素酞酸酯（HPMCP）和醋酸羟丙甲纤维素琥珀酸酯等。主要利用其肠液中的溶解特性，在适当部位溶解。

增稠剂是一类水溶性高分子材料，溶于水后，其溶液黏度随浓度而增大。根据药物被动扩散吸收规律，增加黏度可以减慢扩散速度，延缓其吸收，主要用于液体药剂。常用的有明胶、PVP、CMC、PVA、右旋糖酐等。

控释或缓释制剂，就辅料而言，有许多相同之处，但它们与药物的结合或混合方式制备工艺不同，可表现出不同的释药特性。应根据不同给药途径，不同释药要求，选择适宜的阻滞材料和适宜的处方与工艺。

第二节　缓释、控释制剂释药机理

缓释、控释制剂的释药机理主要有溶出，扩散，溶蚀与扩散、溶出结合，渗透压原理及离子交换作用。

一、溶出原理

由于药物的释放受溶出的限制，溶出速度慢的药物可显示缓释的性质。根据溶出速度公式，可采取以下方法达到缓释作用。

（一）将药物制成合适的盐或衍生物

如将青霉素制成溶解度小的普鲁卡因盐或二苄基乙二胺盐，疗效比青霉素钾（钠）盐显著延长；又如将毛果芸香碱与海藻酸结合成难溶性盐在眼用膜剂中的疗效比毛果芸香碱盐酸盐显著延长。

（二）控制粒子大小

药物的表面积与溶出速率有关，故增加难溶性药物的颗粒直径可使其释放减慢。例如超慢性胰岛素中所含的胰岛素锌晶粒较粗（大部分超过 $10\mu m$ ），其作用可长达 30h ；含晶粒较小的半慢性胰岛素锌，作用时间为 12~14h 。

（三）将药物与具有延缓溶出的载体混合

如将药物溶于或混合于脂肪、蜡类等疏水性基质中制成溶蚀性骨架片，或将药物溶于 MC、CMC-Na、PVP 等亲水性基质中制成亲水凝胶骨架片。其释放速度与基质的水解难易程度、胶溶的膨胀过程有关。

二、扩散原理

以扩散为主的缓控释制剂，药物首先溶解成溶液后再从制剂中扩散出来进入体液，其释药受扩散速率的控制。水不溶性包衣膜、含水性孔道的包衣膜等构成的缓控释制剂中药物的释放以扩散为主。

利用扩散原理达到缓控释作用的方法包括：包衣；制成微囊（球）；制成不溶性骨架片；增加黏度以减少扩散系数；制成植入剂；制成乳剂等。

（一）包衣

将药物小丸或片剂用阻滞材料包衣。如采用部分小丸包衣、片剂包衣或包裹不同厚度衣层的包衣技术可获得不同溶出速率的缓释制剂。

（二）制成微囊（球）

制成微囊是使用微囊技术制备控释或缓释制剂是较新的方法。微囊膜为半透膜，在胃肠道中，水分可渗透进入囊内，溶解囊内药物，形成饱和溶液，然后扩散于囊外消化液中而被机体吸收。囊膜的厚度、微孔孔径的弯曲度等决定药物的释放速率。

（三）制成不溶性骨架片

不溶性骨架片是以水不溶性材料（如无毒聚氯乙烯、硅橡胶等）为骨架制备的片剂。影响其释药的主要因素是药物的溶解度、骨架的孔率、孔径和孔的弯曲程度。水溶性药物较适合制备这类片剂。药物释放完后，骨架随粪便排出。

（四）增加黏度以减少扩散速度

增加黏度主要用于注射液或其他液体制剂。通过增加溶液黏度以延长药物的作用，如明胶用于肝素，PVP 用于胰岛素等，均有延长药效的作用。

（五）制成植入剂

植入剂为固体灭菌制剂，系将水不溶性药物熔融后倒入模型中形成，一般不加赋形剂，用外科手术埋藏于皮下，药效可长达数月甚至数年。

（六）制成乳剂

以精制羊毛醇和植物油为油相，临用时加入水溶性药物注射液，猛力振摇，即成 W/O 乳剂型注射剂。在体内（肌内）水相中的药物向油相扩散，再由油相分配到体液，有长效作用。

三、溶蚀与扩散、溶出结合原理

严格地讲，药物释放时不可能只是溶出或扩散某种单一过程，而往往是几种过程同时存在，如分散、吸附、键合。因溶出或扩散机制大大超过其他过程，可以归类于溶出控制型或扩散控制型。某些骨架制剂，如生物溶蚀型骨架系统、亲水凝胶骨架系统，药物可从骨架中扩散，骨架本身又具有溶蚀过程。此类释药系统的优点是骨架材料具有生物溶蚀性能，最后不会形成空骨架；缺点是受多种因素的影响，且该溶蚀性骨架系统释药动力学很难控制。通过化学键将药物和聚合物直接结合制成的骨架型缓释制剂，药物通过水解或酶反应从聚合物中释放出来。此类系统载药量很高，而且释药速率较易控制。

膨胀型控释骨架制剂为药物溶于膨胀型的聚合物中。释药时水进入骨架，药物溶解，从膨胀的骨架中扩散出来。其释药速度主要取决于聚合物膨胀速率、药物溶解度和骨架中可溶部分的大小。由于药物释放前，聚合物必须先膨胀，可减小突释效应。

四、渗透压原理

利用渗透压原理制成的控释制剂-渗透泵片，能均匀恒速地释放药物，比骨架型缓释制剂更优越。在该类产品的研发过程中，常见的两种为单室初级渗透泵制剂和双室渗透泵。

（一）单室初级渗透泵制剂的原理和构造

片芯为水溶性药物、水溶性聚合物和具有高渗透压的渗透促进剂，加其他辅料制成，外面用水不溶性聚合物的半渗透膜包衣，水可渗透进入膜内，而药物则不能渗出。然后用激光在片芯包衣膜上开一个或一个以上的释药小孔，口服后胃肠道的水分通过半透膜进入片芯，使药物溶解成饱和溶液或混悬液，加之具高渗透压辅料的溶解，故此种片剂膜内的溶液为高渗溶液，渗透压可达 4053~5066kPa，而体液渗透压仅为 760kPa 左右。由于膜内外存在大的渗透压差，药物溶液则通过释药小孔持续流出，其流出量与渗透进入膜内的水量相等，直到片芯的药物溶尽。

（二）双室渗透泵

双室渗透泵针对难溶性药物或载药量较高的药物设计，一般为横向或纵向压制的双层片，由助推层和含药层组成。水分子通过半透膜进入双层片，渗透促进剂吸收水分溶解，形成渗透压梯度。含药层和助推层吸水，药室内形成药物混悬液或半固体药物，助推层亲水性聚合物吸水膨胀产生推力。在含药一侧的半透膜用激光打一小孔，助推层体积膨胀，推动含药层主药通过释药孔释放药物。

从渗透泵小孔流出的溶液与通过半透膜的水量相等，只要片芯中药物未被完全溶解，释药速率就按恒速进行。片芯中药物逐渐低于饱和浓度时，释药速率也逐渐下降至零。控制水的渗入速率即可控制药物的释放速率，而水的渗入速率取决于膜的通透性能和片芯的渗透压。渗透泵型片剂中药物以零级速度释放，胃肠液中的离子不会渗透进入半透膜，故渗透泵型片剂的释药速率与 pH 无关，在胃中与在肠中的释药速率相等（图 6-4）。

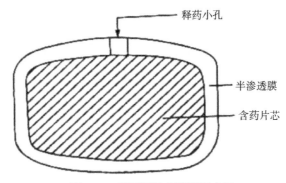

图 6-4　渗透型片剂渗透示意图

（三）影响渗透泵片释药的关键因素

①通过半透膜包衣的渗透压差。②包衣膜对水的渗透性。③释药孔的大小。因此半渗透膜的厚度、孔径和孔率、片芯的处方组成，以及释药小孔的直径，是制备渗透泵片剂的成败关键。释药小孔的直径太小，则释药速率减少；太大，则释药太快。

此类系统的优点在于其可传递体积较大，药物的释放与药物的性质无关。但渗透泵的制备需要特殊设备和复杂的生产工艺，通常需要较高的研发费用和较长的研发时间、需要确定和控制大量处方及生产工艺变量，因此价格较贵，且对溶液状态不稳定的药物不适用。此外，其他因素还包括制备半透膜需要有机溶剂；药物释放对制剂尺寸、含水量、单个剂型包衣均匀度的变化敏感；药物延迟释放。

五、离子交换作用

树脂的水不溶性交联聚合物链的重复单元上含有成盐基团，药物可结合于树脂上。当带有适当电荷的离子与离子交换基团接触时，通过交换将药物游离释放出来。

树脂$^+$-药物$^-$ + X$^-$ ⟶ 树脂$^+$-X$^-$ + 药物$^-$

或　树脂$^-$-药物$^+$ + Y$^+$ ⟶ 树脂$^-$-Y$^+$ + 药物$^+$

X^- 和 Y^+ 为消化道中的离子,交换后游离的药物从树脂中扩散出来。药物从树脂中的扩散速度受扩散面积、扩散路径长度和树脂的刚性(为树脂制备过程中交联剂用量的函数)的控制。如阿霉素羧甲基葡聚糖微球,以 $RCOO—NH_3^+ + R'$ 表示,在水中不释放,置于 NaCl 溶液中,则释放出阿霉素 R' 、$NH_3^+Cl^-$,并逐步达到平衡。

$$RCOO—NH_3^+ R' + Na^+Cl^- \longrightarrow R+NH_3^+ Cl^- +RCOO^-Na^+$$

该制剂可用于动脉栓塞治疗肝癌,栓塞到靶组织后,由于阿霉素羧甲基葡聚糖微球在体内与体液中阳离子进行交换,阿霉素逐渐释放,发挥栓塞与化疗双重作用。

第三节　缓释、控释制剂的设计策略

一、缓释、控释制剂的设计要求

改变药物释放是一项能够改变治疗药物传递方式的技术或方法,通过对治疗药物成分进行物理、化学、生物学改造,以获得经过临床药理实验确定的预期血药浓度。FDA规定,调节释放制剂(modified-release,MR)中药物释放的时间、过程和/或部位的选择应该能够实现普通剂型不能提供的治疗或让使用方便。口服 MR 包括缓释、控释和迟释产品。

口服缓释、控释制剂的设计目标是改变药物在胃肠道的输入(溶解/吸收)速率,以获得预定的血药浓度曲线。有以下设计要求。

(一)生物利用度

缓释、控释制剂的相对生物利用度一般应在普通制剂的 80%~120%。若药物吸收部位主要在胃与小肠,宜设计每 12h 服一次;若药物在结肠也有一定的吸收,则可考虑每24h 服一次。为了保证缓释、控释制剂的生物利用度,除了根据药物在胃肠道中的吸收速度,控制适宜的制剂释放速度外,主要是要在处方设计时选用合适的材料以达到较好的生物利用度。

(二)峰浓度与谷浓度之比

缓释、控释制剂稳态时峰浓度与谷浓度之比应小于普通制剂,也可用波动百分数表示。根据此项要求,一般半衰期短、治疗指数窄的药物,可设计每 12h 服一次,而半衰期长的或治疗指数宽的药物则可 24h 服一次。若设计零级释放剂型,如渗透泵,其峰谷浓度比显著低于普通制剂,此类制剂血药浓度平稳。

（三）缓释、控释制剂的剂量计算

关于缓释、控释制剂的剂量，一般参照普通制剂的用法和剂量。例如某药普通制剂，每日2次，每次20mg，若改为缓释、控释制剂，可以每日1次，每次40mg。可根据经验考虑，也可采用药物动力学方法进行计算，但涉及因素很多，如人种等因素，计算结果仅供参考。

（四）缓释、控释制剂的辅料

辅料是调节药物释放速度的重要物质。制备缓释和控释制剂，需要使用适当辅料，使制剂中药物的释放速度和释放量达到设计要求，确保药物以一定速度输送到病患部位并在组织中或体液中维持一定浓度，获得预期疗效，减小药物的毒副作用。辅料对剂型的发展有密切的联系。对于常规剂型、缓释、控释制剂及透皮吸收制剂直至靶向给药系统，辅料的重要作用越来越明显。

二、影响口服缓释、控释制剂设计的因素

以剂量和溶解性为基础选择调节释放给药系统指南如表6-1所示。

表6-1　以剂量和溶解性为基础选择调节释放给药系统指南

	HS/HD	HS/MD	HS/LD	MS/HD	MS/MD	MS/LD	LS/HD	LS/MD	LS/LD
亲水型骨架片	0	+	+	+	+	+	+	+	+
疏水型骨架片	+	+	+	−	0	+	−	−	−
疏水型骨架小丸	-	-	-	-	+	+	−	+	+
包衣骨架片	+	+	+	−	+	+			
包衣小丸	-	+	+	−	+	+			
渗透泵	-	0	0	−	+	+			

注：1. HS=高溶解性，MS=中等溶解性；LS=低溶解性；HD=高剂量；MD=中剂量；LD=低剂量

2. "+"=适合；"−"=不适合；"0"=不明确（通过系统修饰可能适合）

常见的口服缓释技术比较如表6-2所示。

表6-2　常见的口服缓释技术比较

给药系统	优点	缺点
亲水型骨架	适合各种性质的药物，载药量可大可小 如果设计合理，工艺和处方通常较稳定 采用常规的生产设备和工艺 成本效率：研发时间短，费用低 释药动力学和曲线可以修饰 可以有多个释药单元	药物释放通常对测试条件较敏感 提供多种规格制剂方面缺少灵活性 调整药物的释放将增加处方／工艺的复杂性（多层或压制包衣片）

续表

给药系统	优点	缺点
疏水型骨架	适合可溶性药物,载药量可高可低 采用常规的生产设备和工艺 释药动力学和曲线可以修饰 可以有多个释药单元	不适合溶解度低的药物 非零级释放 药物释放不完全 药物释放通常对测试条件较敏感 提供多种规格制剂方面缺少灵活性 调整药物的释放将增加处方/工艺的复杂性(多层或压制包衣片)
多单元储库型	容易调整释药动力学及释药曲线(如零级,脉冲,双相,结肠) 降低药物倾卸与局部刺激的风险 体内可变性较低(有利于载运性质) 体内性能更稳定; 调整剂量容易:单剂量—多剂量 适合儿童和老年患者使用 采用常规的生产设备和工艺	仅适合溶解度高的化合物 药物释放通常对测试条件较敏感 载药量有限 研发工艺更具有挑战性
渗透泵	适合各种性质的药物 药物的释放与释放条件及药物性质无关 零级释放	载药量有限 剂型尺寸较大 延迟1~2h释药或释药不完全 常需要有机溶剂 烦琐、复杂以及效率较低的生产和质量控制工艺(如多层片) 特殊的设施设备 高昂的研发和生产费用及较长的研发时间

(一)理化因素

1. 剂量大小

一般认为 0.5~1.0g 的单剂量是口服给药常规制剂的最大剂量,对缓释制剂同样适用。随着制剂技术的发展和异型片的出现,目前上市的缓释片剂中已有较多超过此限量,但作为口服制剂,其剂量仍不能无限增大。因此对于大剂量药物,有时可采用一次服用多片的方法,以降低每片含药量。此外,对于治疗指数窄的药物,必须考虑服用剂量太大可能产生的安全问题。

2. 分配系数

药物口服进入胃肠道后,穿过各种生物膜吸收后,才能在机体其他部位产生治疗作用。由于生物膜为脂质膜,药物的分配系数对能否有效地透过生物膜起决定性的作用。

分配系数高的药物，其脂溶性大，水溶性小。如吩噻嗪是分配系数很低的药物，透过生物膜较困难，因此而其生物利用度较差。

3. pKa、解离度和水溶性

由于大多数药物是弱酸或弱碱，而非解离型的药物容易通过脂质生物膜，所以药物的 pKa 和吸收环境之间的关系密切。而扩散和溶出原理的给药系统，其药物的释放可能取决于药物在水性介质中的溶解度。许多剂型在体内吸收主要受环境 pH 影响，胃中呈酸性，小肠则趋向于中性。对许多药物而言，吸收最多的部位是小肠。溶解度很小的药物（<0.01mg/ml）本身具有缓释作用，药物制剂在胃肠道的吸收主要受溶出速率的限制，如地高辛等。

4. 稳定性

口服给药的药物要同时经受酸、碱的水解和酶的降解作用。固体状态药物降解速度减慢，因此，有稳定性问题的药物应选用固体剂型。在胃中不稳定的药物，固体制剂可延长其在胃肠道的整个运行过程，将制剂的释药推迟至到达小肠后再开始更加有利。在小肠中不稳定的药物，服用缓释制剂后，其生物利用度可能降低，如丙胺太林和普鲁苯辛等药物。

（二）生物因素

1. 生物半衰期

半衰期短的药物，制成缓释制剂可以减少用药频率，要维持缓释作用，每单位的药量必须很大，使剂型本身增大，不利于服用。一般生物半衰期 <1h 的药物，如呋塞米等不适宜制成缓释制剂。半衰期长的药物（$t_{1/2}$ >24h），一般也不制成缓释制剂，因为其本身已有药效较持久的作用，如华法林等。大多数药物在胃肠道的运行时间（从口服至回盲肠的交接处）为 8~12h，药物吸收相时间超过 8~12h 较困难，可采用结肠定位给药，增加药物吸收，而使药物释放时间增至 24h。

2. 吸收

缓释制剂的释放速率必须比吸收速度慢很多。假定大多数药物在胃肠道的运行时间为 8~12h，故吸收的最大半衰期约 3~4h；否则，药物还未释放完，制剂已离开吸收最佳部位。本身吸收速度常数低的药物，不太适宜制成缓释、控释制剂。此外，药物若是通过主动转运机制吸收，或者转运局限于小肠的某一特定部位进行，则制成缓释制剂不利

于药物的吸收。如硫酸亚铁的吸收在十二指肠和空肠上端进行。将药物是制备成胃内漂浮型缓释制剂，其可漂浮于胃液内，延迟制剂到达小肠的时间，适于在胃部吸收较好或用于治疗胃部疾患。但在小肠段吸收好的药物采用延长胃排空时间的制剂不适合。对吸收较差的药物，除延长其在胃肠道的滞留时间外，还可加入促进剂以改变生物膜的性能，可选用毒性较低的非离子表面活性剂，加以改善。

3. 代谢

将吸收前有代谢作用的药物制成缓释剂型，生物利用度会大大降低。大多数肠壁酶系统对药物的代谢作用具有饱和性，药物缓慢地释放到这些部位，可使较多量的药物转换成代谢物。如多巴脱羧酶在肠壁浓度高，可对左旋多巴产生肠壁代谢。如果将左旋多巴与能够抑制多巴脱羧酶的化合物一起制成缓释制剂，既能使吸收增加，又能延长其治疗作用。

第四节　骨架型缓控释制剂

根据骨架性质不同骨架型缓释、控释制剂可分为亲水性凝胶骨架片、生物溶蚀性骨架片、不溶性骨架片等（图6-5）。大多数骨架材料不溶于水，其中有的可以缓慢地吸水膨胀。骨架型制剂主要用于控制制剂的释药速率，一般起控释、缓释作用。多数的骨架型制剂可用常规的生产设备和工艺制备，也有用特殊的设备和工艺，如微囊（球）法、熔融法等。骨架型制剂常为口服剂型。

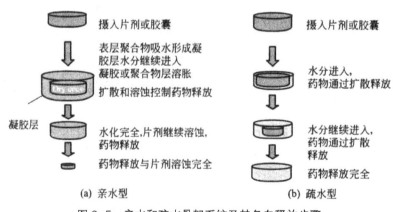

图 6-5　亲水和疏水骨架系统及其各自释放步骤

一、亲水性凝胶骨架片

凝胶骨架片材料可分为四类。①天然凝胶如海藻酸钠、西黄蓍胶、明胶等；②纤维素衍生物，如 HPMC、羟丙基纤维素（HPC）、羟乙基纤维素（HEC）、羧甲基纤维素钠（CMC—Na）等；③乙烯聚合物和丙烯酸树脂如聚乙烯醇和卡波姆等；④非纤维素多糖如壳多糖、半乳糖、甘露聚糖和脱乙酰壳多糖。一般主要用羟丙甲纤维素为骨架材料。

HPMC 遇水后形成凝胶，水溶性药物的释放速度取决于药物通过凝胶层的扩散速度，而水中溶解度小的药物，释放速度由凝胶层的逐步溶蚀速度决定。不管哪种释放机制，凝胶骨架最后都完全溶解，药物全部释放，故生物利用度高。在处方中药物含量低时，可以通过调节 HPMC 在处方中的比例及 HPMC 的规格来调节释放速度，HPMC 规格应在 4000cPas 以上，常用的 HPMC 为 K4M（4000cPas）和 K15M（15000cPas）。处方中药物含量高时，药物释放速度主要由凝胶层溶蚀决定。低分子量的甲基纤维素使药物释放加快，因其不能形成稳定的凝胶层。阴离子型的羧甲基纤维素能够与阳离子型药物相互作用而影响药物的释放。

凝胶骨架片多数可用常规的生产设备和工艺制备，机械化程度高、生产成本低、重现性好，适合工业大生产。制备工艺主要有直接压片或湿法制粒压片。

如阿米替林缓释片（50mg/ 片）的制备：将阿米替林 50mg 与 HPMC（K4M）160mg 和乳糖 180mg 混匀，加入含 10mg 柠檬酸的乙醇，制成软材，制粒，干燥，整粒，加 2mg 硬脂酸镁混匀，压片即可。

二、生物溶蚀性骨架片

生物溶蚀性骨架片，是指将药物与不溶解但可溶蚀（erodible）的蜡质材料制成，如巴西棕榈蜡、硬脂醇、硬脂酸、氢化蓖麻油、聚乙二醇单硬脂酸酯、甘油三酯等物质混合制备的缓释片。

这类骨架片通过孔道扩散与溶蚀控制药物释放，部分药物被不穿透水的蜡质包裹，可加入表面活性剂以促进其释放。通常将巴西棕榈蜡与硬脂醇或硬脂酸结合使用。熔点过低或太软的材料不易制成物理性能优良的片剂。药物从骨架中的释放是由于这些材料的逐渐溶蚀。胃肠道的 pH、消化酶能明显影响脂肪酸酯的水解。

此类骨架片的制备工艺有三种：①溶剂蒸发技术：将药物与辅料或分散体加入熔融的蜡质相中，再将溶剂蒸发除去，干燥混合制成团块后，制成颗粒，然后装胶囊或制备成片剂。②熔融技术：将药物与辅料直接加入熔融的蜡质中，温度控制在略高于蜡质熔点，熔融的物料铺开冷却，再固化、粉碎，或者倒入一旋转的盘中使成薄片，然后研磨过筛制成颗粒。若加入聚维酮（PVP）或聚乙烯月桂醇醚，则其体外释放呈零级过程。③混合技术：将药物与十六醇在60℃混合，团块用玉米朊乙醇溶液制粒，此法得到的片剂释放性能稳定。

如硝酸甘油缓释片的制备：将3.1g PVP溶于0.26g（10%乙醇溶液2.95ml）硝酸甘油乙醇溶液中，加0.54g微粉硅胶混匀，加6.0g硬脂酸与6.6g十六醇，水浴加热到60℃，使熔。将5.88g微晶纤维素、4.98g乳糖、2.49g滑石粉的均匀混合物加入上述熔化的系统中，搅拌1h；②将上述黏稠的混合物摊于盘中，室温放置20min，待成团块时，用16目筛制粒。30℃干燥，整粒，加入0.15g硬脂酸镁，压片。本品开始1h释放23%，12h释放76%，以后释放接近零级。

三、不溶性骨架片

不溶性骨架片是指用不溶于水或水溶性极小的高分子聚合物如聚乙烯、聚氯乙烯、甲基丙烯酸-丙烯酸甲酯共聚物、乙基纤维素等与药物混合制成的骨架形片剂。胃肠液渗入骨架孔隙后，药物溶解并通过骨架中错综复杂的极细孔径的通道，缓缓向外扩散而释放，在药物的整个释放过程中，骨架几乎没有改变，随大便排出。不溶性骨架片适于制备不溶性骨架片的有氯化钾、氯苯那敏、茶碱和曲马唑嗪等水溶性药物。此类片剂有时释放不完全，大量药物包含在骨架中，大剂量的药物也不宜制成此类骨架片。

此类骨架片的制备方法有：①将药物与不溶性聚合物混合均匀后，直接粉末压片。②湿法制粒压片：将药物粉末与不溶性聚合物混匀，加入有机溶剂作润湿剂，制成软材，制粒压片。③将药物溶于含聚合物的有机溶剂中，待溶剂蒸发后成为药物在聚合物的固体溶液或药物颗粒外层留一层聚合物层，再制粒，压片。

四、缓释、控释颗粒（微囊球）压制片

缓释、控释颗粒压制片在胃中崩解后，作用类似于胶囊剂，具有缓释胶囊的特点，并兼有片剂的优点。以下介绍缓释、控释颗粒压制片的三种制备。

（一）制备具有不同释药速度的颗粒

将三种不同释药速度的颗粒混合后压片，如一种是以明胶为黏合剂制备的颗粒，第二种是以醋酸乙烯为黏合剂制备的颗粒，第三种是以虫胶为黏合剂制备的颗粒。药物释放受颗粒受肠中的溶蚀作用控制。明胶制的颗粒崩解释药速度最快，虫胶颗粒最慢。

（二）微囊压制片

如阿司匹林结晶，用阻滞剂乙基纤维素为载体进行微囊化，制备微囊，再压制成片剂。本方法适于药物含量高的处方。

（三）将药物制备成小丸，然后再压制成片剂，最后包薄膜衣

如先将药物与淀粉、糊精或微晶纤维素混合，用乙基纤维素水分散体包制成小丸，有时还可用熔融的十六醇与十八醇的混合物处理，再压片。再用HPMC（5cPas）与PEG400的混合物水溶液包制薄膜衣，也可在包衣料中加入二氧化钛，使片子更加美观。

五、胃内滞留漂浮片

胃内滞留漂浮片又称胃内滞留片、漂浮给药系统或水动力平衡系统，由药物和一种或多种亲水胶体及其他辅料制成，能滞留于胃液中，延长药物在消化道内的释放时间，改善药物吸收，有利于提高药物生物利用度的片剂。借助高分子材料制备而成的胃内漂浮型制剂，本质上为一种不崩解的亲水性骨架片，与胃液接触时，亲水胶体便开始产生水化作用，在片剂的表面形成一水不透性胶体屏障膜，控制了漂浮片内药物与溶剂的扩散速率。为提高滞留或漂浮能力，可加入疏水性而相对密度小的酯类、脂肪醇类、脂肪酸类或蜡类，如单硬脂酸甘油酯、鲸蜡酯、硬脂醇、硬脂酸、蜂蜡等，并滞留于胃内，直至所有的负荷剂量药物释放完为止。药物的释放速率受亲水性材料骨架种类和浓度的影响。它一般可在胃内滞留达5~6h，而目前多数口服缓释或控释片剂在其吸收部位的滞留时间仅有2~3h。此类片剂，实际上是一种不崩解的亲水性凝胶骨架片。为提高滞留能力，加入疏水性而相对密度小的酯类、脂肪醇类、脂肪酸类或蜡类。加入乳糖、甘露糖等可加快释药速率，加入聚丙烯酸酯Ⅱ、Ⅲ等可减缓释药，有时还加入十二烷基硫酸钠等表面活性剂增加制剂的亲水性。片剂大小、漂浮材料、工艺过程及压缩力等对片剂的漂浮作用有影响，在研制时要针对实际情况进行调整。

如呋喃唑酮胃漂浮片的制备：将100g呋喃唑酮、70g十六烷醇、40g丙烯酸树脂、适量十二烷基硫酸钠等辅料充分混合，用2% HPMC水溶液制软材，制粒，40℃干燥，整粒，加入硬脂酸镁混匀后压片。每片含主药100mg。实验证明，本品以零级速度及Higuchi方程规律体外释药，在人胃内滞留时间为4~6h，明显长于普通片（1~2h）。初步试验表明，其对幽门弯曲菌清除率为70%，胃窦黏膜病理炎症的好转率75.0%。

六、生物黏附片

生物黏附片指采用生物黏附性的聚合物作为辅料制备，并通过口腔、鼻腔、眼眶、阴道及胃肠道的特定区段的上皮细胞黏膜输送药物，以达到治疗目的的片状制剂。通常生物黏附性聚合物与药物混合组成片芯，然后由此聚合物围成外周，再加覆盖层而成。

该剂型加强了药物与黏膜接触的紧密性及持续性，因而有利于药物的吸收，而且容易控制药物吸收的速率及吸收量。生物黏附片既可安全有效地用于局部治疗，也可用于全身。口腔、鼻腔等局部给药可使药物直接进入大循环而避免首过效应。

生物黏附性高分子聚合物有卡波姆、羟丙基纤维素、羧甲基纤维素钠等。

如普萘洛尔生物黏附片的制备：将 HPC（相对分子质量 3×10^5；粒度 190~460μm）与卡波姆940（粒度 2~6μm）以 1∶2 磨碎混合。取不同量的普萘洛尔加入以上混合聚合物制成含主药 10mg、15mg、20mg 的三种黏附片。在 pH3.5 及 pH6.8 两种缓冲液中均能起到缓释长效作用。

七、骨架型小丸

将骨架型材料与药物混合，或再加入一些其他成形辅料如乳糖等。调节释药速率的辅料有 PEG 类、表面活性剂等，经用适当方法制成光滑圆整、硬度适当、大小均一的小丸，即为骨架型小丸。骨架型小丸与骨架片所采用的材料相同，同样有三种不同类型的骨架型小丸，此处不再重复。

亲水凝胶形成的骨架型小丸，常可通过包衣获得更好的缓释、控释效果。骨架型小丸制备比包衣小丸简单，根据处方性质，可采用旋转滚动制丸法（泛丸法）、挤压-滚圆制丸法和离心-流化制丸法制备。此外还有喷雾冻凝法、喷雾干燥法和液中制丸法。可根据处方性质、制丸的数量和条件选择合适的方法制丸。

如茶碱骨架小丸的制备：其主药与辅料之比为 1∶1，骨架材料主要由单硬脂酸甘油酯和微晶纤维素组成。先将单硬脂酸甘油酯分散在热蒸馏水中，加热至约80℃，在恒定的搅拌速率下，加入茶碱，直至形成浆料。将热浆料在行星式混合器内与微晶纤维素混合 10min，然后将湿粉料用柱塞挤压机以 30.0cm/min 的速率挤压成直径 1mm、长 4mm 的挤出物，以 1000r/min 转速在滚圆机内滚动 10min 即得圆形小丸，湿丸置流化床内于 40℃干燥 30min，最后过筛，取直径为 1.18~1.70mm 者，即得。

第五节　膜控型缓控释制剂

膜控型缓释、控释制剂主要适用于水溶性药物，用适宜的包衣液，采用一定的工艺制成均一的包衣膜，达到缓释、控释目的。

包衣液由包衣材料、增塑剂和溶剂（或分散介质）组成。根据膜的性质和需要可加入致孔剂、着色剂、抗黏剂和遮光剂等。由于有机溶剂不安全，有毒，易产生污染，目前大多将水不溶性的包衣材料用水制成混悬液、乳状液或胶液，统称为水分散体，进行包衣。水分散体具有固体含量高、黏度低、成膜快、包衣时间短、易操作等特点。目前市场上有两种类型缓释包衣水分散体，一类是乙基纤维素水分散体，另一类是聚丙烯酸树脂水分散体。

一、微孔膜包衣片

微孔膜控释剂型通常是用胃肠道中不溶解的聚合物，如醋酸纤维素、乙基纤维素、乙烯-醋酸乙烯共聚物、聚丙烯酸树脂等作为衣膜材料，包衣液中加入少量致孔剂，如PEG类、PVP、PVA、十二烷基硫酸钠、糖和盐等水溶性的物质，亦有加入一些水不溶性的粉末如滑石粉、二氧化硅等，甚至将药物加在包衣膜内既作致孔剂又是速释部分，用这样的包衣液包在普通片剂上即成微孔膜包衣片。要求水溶性药物的片芯具有一定硬度和较快的溶出速率，以使药物的释放速率完全由微孔包衣膜控制。当微孔膜包衣片与胃肠液接触时，膜上存在的致孔剂遇水部分溶解或脱落，在包衣膜上形成无数微孔或弯曲小道，使衣膜具有通透性。胃肠道中的液体通过这些微孔渗入膜内，溶解片芯内的药物到一定程度，片芯内的药物溶液便产生一定渗透压，由于膜内外渗透压的差别，药物分子便通过这些微孔向膜外扩散释放。药物向膜外扩散的结果是使片内的渗透压下降，水分又得以进入膜内溶解药物，如此反复，只要膜内药物维持饱和浓度且膜内外存在漏槽状态，就可获得零级或接近零级速率的药物释放。包衣膜在胃肠道内不被破坏，最后排出体外。

如磷酸丙吡胺缓释片的制备：先按常规制成每片含丙吡胺100mg的片芯（直径11mm，硬度4~6kg，20min内药物溶出80%）。然后以低黏度乙基纤维素、醋酸纤维素及聚甲基丙烯酸酯为包衣材料，PEG类为致孔剂，蓖麻油、邻苯二甲酸二乙酯为增塑剂，以丙酮为溶剂配制包衣液进行包衣，控制形成的微孔膜厚度（膜增重），调节释药速率。人体血药浓度研究表明，各种包衣材料制成的包衣片均有缓释效果，其中以乙基纤维素包衣的缓释血药浓度最平稳。

二、膜控释小片

膜控释小片系将药物与辅料按常规方法制粒，压制成小片，其直径为 2~3mm，用缓释膜包衣后装入硬胶囊使用。每粒胶囊可装几片至 20 片不等，同一胶囊内的小片可包上具不同缓释作用的包衣或不同厚度的包衣。此类制剂无论在体外还是体内均可获得恒定的释药速率，是一种较理想的口服控释剂型。其生产工艺也比控释小丸简便，质量也易于控制。

如茶碱微孔膜控释小片的制备包括以下两步。

（一）制小片

将无水茶碱粉末用 5% CMC 浆制成颗粒，干燥后加入 0.5% 硬脂酸镁，压成直径 3mm 的小片，每片含茶碱 15mg，片重为 20mg。

（二）流化床包衣

分别用乙基纤维素（采用 PEG1540、Eudragit L 或聚山梨酯 20 为致孔剂，两者比例为 2:1，用异丙醇和丙酮混合溶剂）和 Eudragit RL100 与 Eudragit RS100（不加致孔剂）为包衣材料进行包衣。最后将 20 片包衣小片装入同一硬胶囊内即得。体外释药试验表明用聚丙烯酸树脂包衣的小片时滞短，释药速率恒定。狗体内试验表明，用 10 片不包衣小片和 10 片 Eudragit RL 包衣小片制成的胶囊既具有缓释作用，又有生物利用度高的特点。

三、肠溶膜控释片

肠溶膜控释片系将药物压制成片芯，外包肠溶衣，再包上含药的糖衣层而得。含药糖衣层在胃液中释药，起速效作用。当肠溶衣片芯进入肠道后，衣膜溶解，片芯中的药物释出，因而延长了释药时间。

如普萘洛尔控释片的制备：将 60% 的药物加入 HPMC 压制成骨架型片芯。外包肠溶衣，其余 40% 的药物掺在外层糖衣中，包在肠溶衣外面。此片基本以零级速率在肠道缓慢释药，可维持药效 12h 以上。肠溶衣材料可用羟丙基纤维素酞酸酯，也可与不溶性膜材料如乙基纤维素混合包衣，制成在肠道中释药的微孔膜包衣片，在肠道中肠溶衣溶解，包衣膜上形成微孔，药物的释放则由乙基纤维素微孔膜控制。

四、膜控释小丸

膜控释小丸由丸芯与控释薄膜衣两部分组成。丸芯含药物和稀释剂、黏合剂等辅料。所用辅料与片剂的辅料大致相同，包衣膜有亲水薄膜衣、不溶性薄膜衣、微孔膜衣和肠溶衣等。

如酮洛芬小丸的制备：丸芯由微晶纤维素与药物细粉，用 1.5%CMC—Na 溶液为黏合剂，用挤压滚圆法制成。包衣材料为等量的 EudragitRL 和 RS，溶剂用异丙醇∶丙酮（60∶40），加入相当于聚合物 10% 的增塑剂组成 11% 浓度的包衣液，将上述干燥丸芯置于流化床内包衣，得平均膜厚度 50μm 的控释小丸。

第六节 渗透泵型控释制剂

渗透泵片由药物、半透膜材料、渗透压活性物质和推动剂等组成。常用的半透膜材料有醋酸纤维素、乙基纤维素等。渗透压活性物质（即渗透压促进剂）起调节室内渗透压的作用，其用量多少往往关系到零级释放时间的长短。常用氯化钠，或乳糖、果糖、葡萄糖、甘露醇的不同混合物。推动剂亦称促渗透聚合物或助渗剂，能吸水膨胀，产生推动力，将药物层的药物推出释药小孔，常用相对分子质量为 3 万~500 万的聚羟甲基丙烯酸烷基酯、相对分子质量为 1 万~36 万的 PVP、相对分子质量为 110 万~500 万的聚环氧乙烷等。药室中除上述组成外，还可加入助悬剂、黏合剂、润滑剂、润湿剂等。不同渗透泵的相似点和不同点如表 6-3 所示。不同渗透泵如图 6-6 所示。

表 6-3 不同渗透泵的相似点和不同点

渗透泵	相似点	不同点
EOP 初级渗透泵	渗透核心	单层片：一个释药孔，药物以溶液形式释放
Push-pull® 推-拉型	半透膜控制水分流动	双层片（横向 latitudinally 压制）：助推层含有渗透促进剂，较大释药孔，药物以溶液或混悬液释放
Push-stick® 推-棒型		双层片（纵向 longitudinally 压制）：助推层含有渗透促进剂，较大释药孔，药物以湿团释放，需要进一步崩解和溶解
EnSo Trolo®		单层片：含有一个或多个释药孔，添加吸水剂和增溶剂，药物以溶液形式释放
微孔型 (controlled porosity) 和单室渗透泵片 ™(SCOT)		单层片：不需要激光打孔，药物以溶液或湿团形式通过制剂通道或裂缝释放
L-OROS™		单层软胶囊：含有一个小释药孔，药物以溶液形式释放

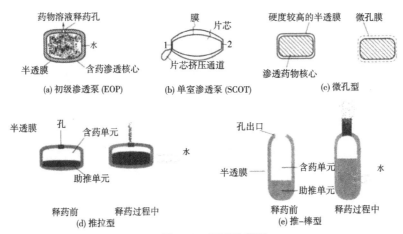

图 6-6　不同渗透泵

如维拉帕米渗透泵片的制备：

（一）芯制备

将片芯处方中盐酸维拉帕米（40 目）2850g、甘露醇（40 目）2850g、聚环氧乙烷（40 目、分子量 500 万）60g 三种组分置于混合器中，混合 5min；将 120g PVP 溶于 1930ml 乙醇溶液中，缓缓加至上述混合组分中，搅拌 20min，过 10 目筛制粒，于 50℃干燥 18h，经 10 目筛整粒后，加入过 40 目筛的硬脂酸 115g 混匀，压片。制成每片含主药 120mg、硬度为 9.7kg 的片芯。

（二）包衣

将醋酸纤维素（乙酰基值 39.8%）47.25g、醋酸纤维素（乙酰基值 32%）15.75g、羟丙基纤维素 22.5g、聚乙二醇 3350 4.5g、二氯甲烷 1755ml、甲醇 735ml 混合制成包衣材料，用空气悬浮包衣技术包衣，进液速率为 20ml/min，包至每个片芯上的衣层增重为 15.6mg。将包衣片置于相对湿度 50%、50℃的环境中 45~50h，再在 50℃干燥箱中干燥 20~25h。

（三）打孔

在包衣片上下两面对称处各打一释药小孔，孔径为 254μm。此渗透泵片在人工胃液和人工肠液中的释药速率为 7.1~7.7mg/h，可持续释药 17.8~20.2h。

◎　阶段性习题与答案

第七章　脉冲与定位给药系统

第一节　脉冲释药给药系统

时辰药理学研究表明，人体的许多疾病都具有生物节律性，如高血压、缺血性心脏病、支气管哮喘、胃溃疡、类风湿性关节炎等。如心血管疾病，患者往往在凌晨时体内儿茶酚胺水平增高，导致收缩压、心率增高，发生心血管疾病。

脉冲式释药系统（pulsatile delivery system）是基于时辰药理学的理论，以制剂手段控制药物释放的时间及给药剂量以配合生理节律的变化，达到最佳的疗效，属于迟释给药制剂范畴。与普通制剂不同，脉冲给药系统是经过一定时间的时滞，在特定时间特定部位快速释放药物，使药物在短时间内达到较高的血药浓度。对于病情发作具有节律性且不需要维持长时间恒定血药浓度的疾病，口服脉冲给药系统，能达到良好的疗效，且大大降低了副作用，提高患者的耐受性。脉冲给药系统能够在预定的滞后时间后在特定部位释放药物，这样既避免了肝脏的首过效应，又能降低食物对药物的影响。

一、脉冲给药系统的释药机制

（一）生化因素刺激释药机制

人体内胃肠道存在固定的酸碱度变化，制剂设计的重点是应用不同酸碱敏感的材料。当疾病发作时，胃肠道的酸碱度会产生特定变化，可应用该变化触发敏感材料，使药物在肠道不同位置呈脉冲释放。有些肠道部位存在特定的酶类或菌群，应用特定酶敏感材料可触发药物定位释放。

如将聚丙烯酰胺接枝印度树胶和海藻酸钠进行交联制备 pH 敏感物互穿网络，加载酮洛芬微球。该微球在酸性条件下无释放或少量释放，在碱性条件下药物迅速释放。因此该药物在体内随 pH 的变化呈脉冲释放，故而减轻了酮洛芬的胃刺激性[14]。

（二）物化因素刺激释药机制

物化因素刺激释药机制是以对某些因素（温度、磁场、电场等）敏感的材料为药物载体，当机体受到这些因素的刺激时，载体会立即释放出包裹或附着的药物，达到脉冲释放的目的。Max 等以茶碱作为模型药物与各种类型的 PL(G)A 进行物理混合压实。由于聚合物是处于玻璃态的，所以在低于聚合物的玻璃相转变温度下压实会导致多孔压实。一旦浸入温度高于聚合物的玻璃相转变温度的释放介质中，药物可以通过压实的孔扩散，导致脉冲爆发释放。同时，聚合物经历从玻璃态到橡胶态的转变，由于聚合物的黏性流动孔隙逐渐关闭，抑制了药物进一步的释放。经过一段时间后，由于渗透压的增大，聚合物基质破裂，从而实现了药物的脉冲释放[15]。

（三）膨胀爆破释药机制

膨胀爆破释药机制，是以药物以及亲水性聚合物为片芯或丸芯进行包衣，通过控释衣膜的厚度、致孔剂及亲水性聚合物的用量来调控时滞时间。制剂接触水后致孔剂溶于水，水分子进入衣膜，亲水性聚合物吸水膨胀，在渗透水的涌入与亲水性聚合物溶胀的双重作用下衣膜破裂，药物迅速释放。释放延迟时间可通过衣膜的厚度和材料，致孔剂及亲水性聚合物的用量等制备工艺来控制，使药物在预想的部位、时间释放。目前较常用的亲水性聚合物为交联羧甲基纤维素钠、羧甲基纤淀粉钠和低取代羟丙基纤维，包衣材料多采用乙基纤维素和尤特奇等。

（四）定时脉冲塞胶囊释药机制

定时脉冲塞胶囊一般由水溶性胶囊帽、水不溶性胶囊壳体、脉冲塞、药物及辅料等组成。脉冲塞为水凝胶塞，药物及辅料通过脉冲塞密封于胶囊壳体中。制剂接触水后，胶囊帽遇水溶解，胶囊塞吸水膨胀脱离囊体，随后被溶蚀或降解，胶囊中的药物迅速释放，从而实现药物的脉冲释放。

二、脉冲释药系统的应用

脉冲片剂的制备通常是对含药片芯进行包衣，通过制备特定包衣膜控制脉冲释放的时滞和部位。如厄贝沙坦脉冲包衣片：利用熔融法将厄贝沙坦和泊洛沙姆 188(1：1) 制成固体分散体，由 Kyron T-134 作为超崩解剂制备片芯 (Rapid release：core tablets，RRCT)。脉冲释放层由 HPMC K4M 和 Eudragit RL-PO 组成，通过将 50% 的脉冲释放层置于 10m 的模腔中来制备干燥包衣片剂，将优化的 RRCT 置于其中心。在空腔中加入剩余量的脉冲释放层，以覆盖 RRCT，最后用旋转压片机压缩[16]。

脉冲塞胶囊由水不溶性囊身和水溶性囊帽组成。脉冲塞为水凝胶塞，药物及辅料由脉冲塞密封于囊身内。脉冲塞吸水膨胀后脱离囊体，随后被溶蚀或降解，胶囊中药物开始释放，实现一定的时滞。陈昊[17]等利用灌注法和蘸法将乙基纤维素等囊材制备成不溶性胶囊壳，将三七总皂苷和川芎嗪装入不溶性胶囊壳中，以 HPMC 与乳糖(1:7)压制胶囊塞，制备了复方芎七脉冲释药胶囊。该脉冲胶囊的释放具有 4h 时滞，若冠心病患者晚上 10 点钟(临睡前)口服药物，经过一定的时滞后在凌晨 2 点钟即疾病的高发时段立即释放药物，则能够达到最佳治疗效果。

脉冲微丸的基本制备方法是给载药丸芯包上溶胀层和控释层，以达到脉冲释药的目的。王文喜[18]等利用挤出滚圆方法制备载药丸芯，采用流化床包衣法进行多层包衣，给载药丸芯包溶胀层和控释层，从而制得了抑制哮喘发作的多索茶碱脉冲释药微丸。其释药机理为溶胀爆破释药，当微丸进入胃肠道后，水分通过致孔剂孔道渗透进入控释层，溶胀层的高溶胀性的材料水合，产生溶胀力，经过一定时滞后控释膜破裂，药物随之快速完全地释放出来。哮喘病的发作具有昼夜节律性，该脉冲释药微丸可以供患者临睡前服用，经过一定时滞后药物快速释放，可有效预防凌晨时的哮喘发作，又能减少服药次数，降低药物的毒副作用，提高患者顺应性。

第二节 结肠定位给药系统

结肠定位给药系统（colon specific dury delivery system，CSDDS）又称结肠迟释制剂，是 20 世纪 70 年代后期发展起来的新型给药系统。该给药系统的目的是避免口服药物在上消化道被破坏和释放，将药物直接输送到直肠，再以速释（脉冲）或缓释、控释给药，发挥局部或全身疗效。

由于结肠部位 pH 条件温和，代谢酶少，在此部位释药可以减少胃肠道消化酶对药物的破坏作用，提高在结肠部位吸收药物的生物利用度，改善对结肠部病变（如溃疡性结肠炎、结肠癌等）的治疗，尤其适于在胃肠道上段以降解的蛋白和肽类药物的给药。结肠处的药物转运速度慢、时间稳定，一般滞留 1~2d，有利于药物的吸收。结肠内水分较少，内容物稠度高，所受压力大，有利于药物的释放。

◎ 胃肠道 pH 分布

一、根据释药机制，结肠定位制剂分类

（一）时滞型

正常人体口服药物后，依次经胃、小肠到达结肠所需要的时间大约为 6h。时间依赖型给药系统就是基于此生理特点设计的，主要通过难溶性材料包衣或制成骨架片，使药物在胃和小肠中不释放，到达结肠后开始释放，以达到缓释定位的目的。时间依赖型给药系统大多采用聚合物薄膜包衣的方法来延缓芯片药物的释药时间。

（二）pH 敏感型

pH 依赖型给药系统是根据胃肠道 pH 差设计的剂型，从胃到结肠的 pH 逐渐升高，正常机体内胃中 pH 为 0.9~1.5，小肠内 pH 为 6.0~6.8，结肠内 pH 为 6.5~7.8。因此采用可耐受较高 pH 的材料包衣，保护片芯药物通过胃和小肠，到达回肠远端或升结肠释放药物，以达到结肠定位释药的目的。pH 依赖型给药系统制剂的关键在于选择在结肠中可溶的、pH 敏感的包衣材料，通常采用的酶依赖型高分子材料有多糖、偶氮聚合物及植物胶等。包衣技术在结肠定位给药制剂中的应用已成熟，pH 依赖型给药系统多采用复合包衣技术和偶氮聚合物 pH 依赖性聚合物的包衣技术。

段好钢[19] 针对目前 OCDDS 中存在的一些不足，以天然多糖壳聚糖 (chitosan，CS) 和海藻酸钠 (sodium alginate，SA) 作为载体材料，对二者进行改性、修饰，构建了三聚磷酸钠交联的巯基壳聚糖 / 海藻酸钠黏附性微粒、京尼平交联的巯基壳聚糖 / 海藻酸钠-姜黄素结合物黏附性微粒、Zn^{2+} 交联的 N–琥珀酰壳聚糖 / 海藻酸钠微球以及京尼平和 Zn^{2+} 双交联的 N–琥珀酰壳聚糖 / 海藻酸钠微球等结肠定位给药载体，并考察了体外药物释放行为和对溃疡性结肠炎模型大鼠的治疗作用。研究结果显示上述微粒 / 微球均显示了良好的结肠定位释放特点。

（三）酶解型

利用魔芋葡甘聚糖 (konjac glucomannan，KGM)–羟丙基纤维素 (hydroxypropyl methylcellulose，HPMC)–乳糖制备柱塞片，然后再与 5-氨基水杨酸速释片、非渗透性胶囊壳和肠溶性囊帽组装制备得结肠定位脉冲胶囊。魔芋葡甘聚糖 (KGM) 在结肠中能被菌

群分泌的糖苷酶特异性降解，故在肠溶性囊帽的保护下制剂到达结肠后，柱塞片酶解，速释片中的药物迅速释放，该药物在结肠中呈脉冲释放。时滞时间主要取决于KGM-HPMC-乳糖的比例，羟丙基纤维素的类型以及柱塞片重。动物体内研究表明，药物在时滞5h后迅速释放，证明其具有结肠定位释药的特性[20]。

（四）压力依赖型

正常机体胃肠蠕动产生压力，胃和小肠内由于存在大量的消化液起到缓冲压力的作用，结肠内的水分被重吸收，导致肠内容物的黏度增大，肠道蠕动对物体产生的直接压力易使物体破裂。压力控制型给药系统便是依此原理设计而成的。明胶胶囊的内表面涂上水不溶性的乙基纤维素层，将药物用聚乙二醇溶解后注入胶囊。口服后明胶层溶解，内层球状的乙基纤维素层在胃和小肠内由于含水量高不受影响，到达结肠后，由于肠内容物的黏度增大、肠压增大，乙基纤维素层崩解并释放出药物。此类明胶胶囊的包衣材料包括EC、聚苯乙烯/羟乙基甲基丙烯酸聚合物等，有水不溶性材料和Eudragit S100等肠溶材料。

二、结肠靶向给药的制剂方法

（一）包衣技术

包衣是用特定的包衣设备将成膜的材料涂覆在药物制剂的外表面，使其干燥后成为紧密黏附在表面的一层或数层厚薄、弹性不同的多功能作用层的工艺。常用的肠溶衣材料有醋酸纤维素苯三酸酯（CAT）、丙烯酸树脂Eu S100和Eu L100、轻丙甲纤维素酞酸酯（HPMCP）、聚乙烯醇酞酸酯（PVAP）和CAP等。运用单层包衣法制备得到的单一型靶向给药系统具有定位效果不佳、释药不完全的缺陷，为此在临床应用中多采用双层包衣法。李小芳等制备了pH-酶依赖型结肠靶向片，其体外释放度测定显示，在含酶肠液中2h累积释放药量达90%，可达到结肠靶向释药的目的。

（二）骨架技术

骨架制剂是指药物和一种或多种骨架材料通过压制、融合等技术手段制成的片状、粒状或其他形式的制剂。结肠中有大量多糖酶，能使骨架材料降解从而释放药物，常用多糖作为结肠定位骨架辅料，包括壳聚糖、果胶、海藻酸钠和瓜尔豆胶等。如用药物与果胶钙骨架控释材料制备吲哚美辛骨架片。

（三）前体药物技术

利用结肠内细菌酶裂解的偶氮键或苷键等化学键将药效成分连接到载体上而构成前体药物。不同前体药物合成路线也有所不同，因此其制备方法不具有广谱性和普遍适用性。常用的配基有偶氮类、糖苷类、葡糖甘酸类、葡聚糖类、氨基酸类和环糊精类。近年来，前体药物靶向技术研究的热点是含偶氮基团化合物的菌群生物代谢。Sharma R 等制备的甲氨蝶呤和吉西他滨含氮前体药物，结肠靶向给药系统具有更好的药物释放靶向性。目前，应用于临床的前体药物均表现出结肠靶向性、释药性良好的优势。

（四）胶囊技术

无论是将肠溶包衣颗粒或小丸充填于胶囊制成肠溶胶囊，还是采用肠溶材料对胶囊进行包衣工艺，都可实现药物在结肠中定位释放。Ferrari PC 等用 Kollicoat 作肠溶缓控释包衣材料制备的微丸，定位结肠为吸收部位，可制成胶囊剂应用于结肠靶向系统。Huang Y 等研究表明开发结肠特异性脉冲胶囊自微乳化释药系统，在传递水难溶性药物到结肠是可行的。

（五）生物黏附技术

Xu M 等开发的 5-氨基水杨酸结肠黏附微丸，对其进行体内外释药研究。实验结果表明该制剂具有良好的结肠定位黏附给药功效。虽存在外环境因素影响生物黏附性，但随着技术的发展和创新，生物黏附技术以其明显的优越性将在结肠靶向系统中发挥重要意义。

第八章　靶向给药系统

第一节　靶向给药系统概述

一、靶向给药系统的概念

靶向给药系统（targeting drug system，TDS）又称靶向制剂，系采用载体将药物通过循环系统浓集于或接近靶器官、靶组织、靶细胞和细胞内结构而发挥药物作用，从而提高疗效并显著降低药物对其他组织、器官及全身不良反应的给药系统。TDS 在肿瘤治疗领域，具有广阔的前景。

二、靶向给药系统的分类

靶向制剂从释药部位上可分为 3 类：一级靶向制剂，药物到达特定的靶组织或靶器官；二级靶向制剂，进入靶部位的特殊细胞（如肿瘤细胞）；三级靶向制剂，系药物作用于细胞内的特定部位。

从作用机制上分为 3 类：被动靶向制剂、主动靶向制剂、物理化学靶向制剂（图 8-1）。

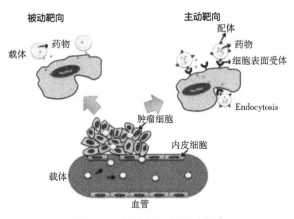

图 8-1　被动靶向与主动靶向

三、靶向给药系统的特点

靶向制剂可以提高药物制剂的药效，降低毒副作用，提高药品的安全性、有效性、可靠性，解决药物在其他制剂给药时可能遇到的问题。在药剂学方面，提高药物制剂稳定性和增加溶解度可改善药物的吸收或增强生物稳定性，避免药物受体内酶或 pH 的影响。在药物动力学方面，延长在半衰期和提高了药物特异性和组织选择性，提高药物临床应用的治疗指数（药物中毒剂量和治疗剂量之比）。

靶向的三个要素：定位浓集、控制释药、安全无毒可降解。成功的靶向制剂不仅要求药物选择性地到达特定部位的靶组织、靶器官、靶细胞甚至细胞内的结构，而且要求有一定浓度的药物滞留相当时间，以便发挥药效，且载体应无遗留的毒副作用。

第二节　靶向制剂的作用机制

一、被动靶向制剂

被动靶向制剂也称自然靶向制剂，系利用药物载体（即将药物导向特定部位的生理惰性载体），使药物被生理过程自然吞噬而实现靶向的制剂。载药微粒被单核–巨噬细胞系统的巨噬细胞（尤其是肝的 Kupffer 细胞）摄取，通过正常生理过程运送至肝、脾等器官。被动靶向的微粒经静脉注射后，在体内的分布主要取决于微粒的粒径大小。通常粒径在 2.5~10μm 时，大部分积集于巨噬细胞。粒径小于 7μm 时一般被肝、脾中的巨噬细胞摄取，200~400nm 的纳米粒（包括纳米球与纳米囊）集中于肝后迅速被肝清除，小于 10nm 的纳米粒则缓慢积集于骨髓。大于 7μm 的微粒通常被肺的最小毛细血管床以机械滤过方式截留，被单核白细胞摄取进入肺组织或肺气泡。

除粒径外，微粒表面性质对分布也起着重要作用。带负电的微粒静注后易为肝的单核–巨噬细胞系统滞留而靶向于肝，带正电荷的微粒易被肺的毛细血管截留而浓集于肺。

这类靶向制剂主要有乳剂、脂质体、微球、纳米囊和纳米球等。

二、主动靶向制剂

主动靶向制剂系以修饰的药物载体作为"导弹"，将药物定向地运送到靶区浓集发挥药效。如载药微粒经表面修饰后，不被巨噬细胞识别，或因连接有特定的配体可与靶细胞的受体结合，或连接单克隆抗体成为免疫微粒等原因，而能避免巨噬细胞的摄取，防止在肝内浓集，改变微粒在体内的自然分布而到达特定的靶部位；也可将药物修饰成前体药物，即能在活性部位被激活的药理惰性物，在特定靶区被激活发挥作用。如果微粒要通过主动靶向到达靶部位而不被毛细血管（直径 4~7μm）截留，通常粒径不应大于 4μm。

主动靶向制剂包括经过表面修饰的药物载体及前体药物两大类制剂。目前研究较多的为经过表面修饰的药物载体，包括长循环脂质体、免疫脂质体和免疫纳米球等。前体药物包括抗癌药及其他前体药物、脑部位和结肠部位等的前体药物等。

三、物理化学靶向制剂

物理化学靶向制剂应用某些物理化学方法使靶向制剂在特定部位发挥药效。如应用磁性材料与药物制成磁导向制剂，在足够强的体外磁场引导下，通过血管到达并定位于特定靶区；或用对温度敏感的载体制成热敏感制剂，在热疗机的局部作用下，使热敏感制剂在靶区释药；或用对 pH 敏感的载体制备 pH 敏感制剂，使药物在特定的 pH 靶区内释药。用栓塞制剂阻断靶区的血供和营养，起到栓塞和靶向化疗的双重作用，也属于物理化学靶向。

第三节　药物制剂靶向性的评价

靶向性是靶向制剂最重要的属性，对其靶向性进行考察，以明确是否具有特定部位浓集的作用。下面主要介绍七种药物制剂靶向性的评价方法。

一、药动学法

经典方法是药动学实验，考察药物的组织器官分布情况。在传统给药中，假设药理反应与血浆药物浓度呈线性关系，靶向制剂在不同器官、组织中的到达、滞留和药物释放的时间不同，就可以对模型动物给药后，在预定时间点取靶器官与非靶器官，用组织匀浆法处理样品，测定药物含量，绘制血药曲线，评价药物制剂的靶向性。

为了评价制剂的靶向性，一般以靶向效率（TE）、相对靶向效率（RTE）、靶向指数（TI）来评价剂型改变后，药物在动物体内分布的靶向性特征及变化。TE，RTE，TI 计算公式分别为：

$$TE = \frac{(AUC_{0 \to t})_l}{\sum\limits_{i=1}^{n} (AUC_{0 \to i})_i} \times 100\%;$$

$$RTE = \frac{TE_n - TE_s}{TE_s} \times 100\%;$$

$$TI = \frac{(AUC_{0 \to t})_n}{(AUC_{0 \to t})_s} \times 100\%。$$

其中，n 表示靶向制剂，s 表示非靶向制剂，l 表示靶组织，i 表示非靶组织。用药动学程序，计算各组织的 AUC 0~t，C_{max} 及 MRT（平均滞留时间）值，按上述公式对靶向制剂的靶向性进行评价。

TE 反映了一个释药系统对靶组织和非靶组织的药物分布效率，RTE 反映的是同一药物对不同组织的趋向性差异。TE 越大，靶向性越好。RTE 为正值，说明靶向性增强，RTE 为负值，说明药物在该组织中无靶向性。TI 可以反映药物对组织的靶向性，TI > 1 则表明药物在该组织中有靶向性，TI ≤ 1 表明无靶向性，TI 越大靶向效果越好，药物在该组织中分布越多。TE，RTE 和 TI 都是以 AUC 作为比较单位而得到的参数，故能充分反映药物在体内的吸收、分布、代谢和排泄的全过程，因此可全面体现药物在整个实验时间段内分布的情况。

二、放射性同位素测定技术

放射性同位素测定技术有以下方法：①在微粒表面标记放射性同位素，进行实验动物整体自显影或活体动态显影，考察不同时间的药物在动物体内不同器官的分布情况，此技术虽能直观地看出分布概况，但定量程度低，不适宜进行分布的定量评价。②标记载体后制备微粒，给药后，在适宜时间处死实验动物，测定各组织或器官放射性强度，考察体内过程，此方式是以微粒或载体的体内过程间接描述药物的体内过程。③放射性同位素标记药物后制备微粒，测定给药后不同时间动物体内各组织或器官中放射性强度以研究体内过程，该方法灵敏度高且重现性好。

三、活体荧光成像系统

活体荧光成像（biofluore scence imaging，BFI）是一种非侵入性成像技术，可用于评价靶向制剂在体内的靶向性，无污染且操作较简单。对靶向制剂进行荧光标记，注射到动物体内后，利用光学检测设备对活体内的荧光信号进行实时、原位检测。由于红光对生物组织穿透能力强，成像信噪比高，所以近红外荧光是活体成像的最佳选择。常用的活体成像染料有 AlexaFluor，IRDyes，CY7，DIR 等。

Palframan 等用 BFI 技术对肿瘤坏死因子-α 抑制剂赛妥珠单抗、阿达木单抗、英夫利昔单抗在关节炎模型鼠中正常组织与炎症组织的分布进行了研究。Mérian 等报道过两种具有相同粒径，分别包载 DID，ICG 不同荧光染料的脂质纳米粒在小鼠体内分布，发现分布有所不同，所以需要用定量的方式来进一步确证纳米载体驱动药物在体内的分布。

四、激光扫描共聚焦显微镜

激光扫描共聚焦显微镜（confocallaserscanningmicroscope，CLSM）可用于实时观测细胞水平的释药行为，以评价靶向制剂的靶向性。

生活状态下的细胞以质膜的方式将大分子物质摄入细胞内，并由此引发相关界膜小泡的生成、融合、转运及分检等一系列连续过程，是靶向给药系统与相应靶细胞作用内化的一种最为基本而又十分重要的模式。Li 等使用 CLSM 技术观测了 $SiO_2@AuNPs$ 在细胞质中 0~24h 的释药行为。可以通过动态比较细胞内药物的相对荧光值，评价靶向制剂的靶向性。

五、流式细胞术

流式细胞术（flow cytometry，FCM）是一种对快速直线流动状态中的单列细胞或生物颗粒进行逐个、多参数、快速的定性、定量分析或分选的技术。

Qing 等用流式细胞仪测定样品与阴性对照相比的荧光强度增量，来表示靶向药物细胞内化的相对量。Taghdisi 等制备并用 FCM 分析了配体-树枝状聚合物-表柔比星复合物在 MCF-7 与 C16 细胞（靶细胞）中的荧光强度显著大于游离的多柔比星（$P < 0.05$），而 MCF-7 细胞荧光强度显著小于 C16 细胞（$P < 0.05$），这说明靶向制剂可有效区分靶细胞与非靶细胞。

六、邻位连接技术

邻位连接技术（proximity ligation assay，PLA）是一种新型的蛋白检测技术，灵敏度高，可用于肿瘤标志物的检测。该技术是将一对寡核苷酸单链分别标记在靶蛋白结合试剂（如单克隆抗体）上作为邻位探针，当两个探针因为识别同一个靶蛋白而空间上靠近时，寡核苷酸自由末端拉近，在一个外加连接寡核苷酸作用下发生杂交，实现邻位连接。然后连接酶以连接探针为模板将两条邻位探针的辅助核酸序列连接起来，从而形成一条完整的单链。加入引物、Taqman 探针和 Taq 酶后，上游引物以此条完整单链为模板合成互补链，形成 DNA 双链。之后便是一个完整的 Taqman 探针实时 PCR 过程，最后通过检测荧光信号便可知道被测蛋白的存在及其含量。

Ohkubo 等用邻位连接技术评估了 HSP90 α 和 β 抑制剂 TAS–116 在细胞水平上对 HSP90 的选择性，数据显示在 0.3 mmol/L 浓度水平时，TAS–116 能够抑制 HSP90。

七、PK/PD 模型的应用

将非临床有效性研究（包括体外模型和体内模型结果）、伴随的药动学研究结果与人体临床早期药代信息相结合，以合理预测临床有效浓度和给药剂量。

以阿西替尼为例，其研究就是根据在裸鼠移植瘤模型中进行的 TGI（肿瘤生长抑制率）研究以及非线性回归（sigmoidal 剂量–效应）曲线分析，估计其药理学有效性浓度（Ceff）。再根据其人血浆蛋白结合率，推算出人的总 Ceff。假设患者的 PD 参数与小鼠 MV522 肿瘤相似，结果预计 5~10mg 的阿西替尼（BID）可达到 40%~60%TGI。

采用 PK/PD 模型进行人体剂量方案探索是目前国外靶向治疗药物早期开发中常采用、用于提高临床开发成功性的新的有效方法。对将来国内此类药物开发的指导意义较大，建议逐步系统研究并指导国内应用。

第四节　新型肿瘤靶向给药系统

癌症是世界上最严重的健康负担之一。按照世界卫生组织估计，它每年导致超过 890 万例死亡。化疗作为临床常用的癌症治疗方法，经常影响其他组织细胞，产生严重的副作用，从而恶化了患者的生活质量。因此，根据肿瘤细胞特征设计有效的递送载体，以针对性的方式在肿瘤组织中特异性释放药物成为目前研究的重要方向之一。传统抗癌药物与靶向药物作用的区别如图 8–2 所示。

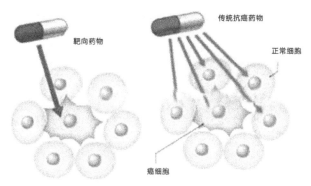

图 8-2　传统抗癌药物和靶向药物作用

实体瘤微环境具有与正常组织不同的特征，如较低的 pH、较高的胞内还原性与活性氧（ROS）水平、高组织液压和特异性的酶等。

◎　实体瘤的微环境特征

靶向给药包括被动靶向、主动靶向、物理化学靶向等给药方式，可显著降低抗肿瘤药物的毒副作用，同时具有比全身治疗更好的肿瘤杀伤效果。肿瘤标志分子和微环境特征是改善靶向给药的关键。利用生物学相关的肿瘤标志分子设计有效的药物递送载体，使它们靶向结合肿瘤特异性的膜蛋白等肿瘤标志分子，以针对性的方式在肿瘤组织中特异性释放药物，并与肿瘤的微环境特征相匹配，可增加药物的治疗效果。

一、被动靶向制剂

国内外已经上市的被动靶向制剂如表 8-1 所示。

表 8-1　国内外已经上市的被动靶向制剂

编号	药物名称	商品名	上市公司	靶点/效应	适应证
1	枸橼酸柔红霉素脂质体	DaunoXome	Galen	DNA 嵌合 +EPR 效应	急性骨髓性白血病
2	盐酸多柔比星脂质体	Doxil/Caelyx	Janssen	DNA 嵌合 +EPR 效应	卡巴士瘤、复发性乳腺癌、卵巢癌
3	多柔比星脂质体	Myocet	Teva	DNA 嵌合 +EPR 效应	转移性乳腺癌
4	硫酸长春新碱脂质体	Marqibo Kit	Talon	抑制微管聚合 + EPR 效应	费城染色体阴性急性、淋巴细胞白血病

续表

编号	药物名称	商品名	上市公司	靶点/效应	适应证
5	紫杉醇脂质体	力扑素	南京绿叶思科药业有限公司	抑制微管聚合+EPR效应	卵巢癌、乳腺癌、非小细胞肺癌
6	米伐木肽脂质体	Mepact	IDM Pharma	EPR效应	骨肉瘤
7	阿糖胞苷脂质体	Depocyt	Pacira	EPR效应	淋巴瘤并发症淋巴瘤性脑膜炎
8	顺铂脂质体	Lipoplatin	Regulon	诱发DNA交联+EPR效应	晚期卵巢上皮癌、胰腺癌、非小细胞肺癌
9	白蛋白结合型紫杉醇纳米粒	Abraxane	Abraxis Bioscience	有丝分裂抑制剂+EPR效应	转移性乳腺癌
10	PEG-PLA紫杉醇胶束	Genexol-PM	Samyang	抑制微管聚合+EPR效应	乳腺癌、肺癌
11	长春新碱脂质体	OncoTCS	INEX	EPR效应	霍奇金淋巴瘤

被动靶向制剂（即自然靶向），根据载体的粒径、表面性质、形状等特殊性，使药物通过正常的生理过程，在体内特定靶点或部位富集，主要是未经配体或抗体修饰的纳米粒、脂质体、聚合物胶束等。DaunoXome、Doxil、Marqibo Kit、力扑素等均为脂质体，其中力扑素是国内批准的第一个脂质体药物，也是国际首个上市的注射用紫杉醇脂质体药物。对Oncaspar，Genexol-PM等进行表面改性，增加循环时间。

（一）被动靶向制剂的作用机理——EPR效应

健康血管的内皮细胞壁由内皮细胞紧密连接排列组成，可以防止血液中的大颗粒渗漏出血管。在实体瘤无限制增殖过程中，营养供应限制，会诱导血管再生。在肿瘤病理学中，血管再生或血管新生会导致血管膜孔变大（可达到600nm）和淋巴引流障碍，即肿瘤的高通透性和滞留效应（enhanced permeability and retention effect，EPR）。被动靶向制剂通过对流或扩散从肿瘤毛细血管漏窗转运到肿瘤间质或细胞，小于200nm的微粒首先在肿瘤间质积累。

（二）微粒粒径对肿瘤靶向的影响

循环时间、蛋白吸收、生理分布、免疫原性、内化、胞内运输、降解等微粒在体内的几项重要功能都取决于粒径。在体循环中，不同粒径的微粒累积部位不同。在一定范围内，粒径越小，对实体瘤的穿透能力越强，而在肿瘤部位的滞留能力则小于大粒径微粒。通过粒径智能化调节，可实现被动靶向制剂同时具有良好的肿瘤滞留性和渗透性，即利用EPR效应使大粒径制剂在肿瘤部位滞留，然后通过环境响应性使粒径降低，提高其在肿瘤部位的穿透性。

（三）微粒表面性质对肿瘤靶向的影响

通常微粒在体内循环时间越长，靶向累积效果越好。用 PEG 链、两性离子聚合物或肽对微粒进行表面改性，可以伪装微粒使其获得隐身特性；这种表面改性可以阻止血清蛋白的调理作用与被 Kupffer 细胞或肝细胞吸收，增加循环时间。

（四）微粒形状对肿瘤靶向的影响

同一种微粒，形状不同，在体内运输行为也不同。在小鼠体内 E0771 乳腺肿瘤细胞中，长 44nm［纵横比（AR）=9］的纳米棒比纳米微球（33~35nm）穿过血管壁快 4 倍，渗透作用高 1.7 倍。

1. 乳剂

乳剂靶向性的特点在于它对淋巴的亲和性。油状药物或亲脂性药物制成 O/W 型乳剂及 O/W/O 型复乳静脉注射后，油滴经巨噬细胞吞噬后在肝、脾、肾中高度浓集，油滴中溶解的药物在这些脏器中蓄积也高。水溶性药物制成 W/O 型乳剂及 W/O/W 复乳经肌内或皮下注射后易浓集于淋巴系统。

一般认为，药物的体内过程只有通过血液为媒介，才能随体循环而发生转运。通常血液流速比淋巴液快 200~500 倍。人体内流入血液的总淋巴液为 1.0~1.6mg/（kg·h）。动物愈高级，淋巴系统的分化愈发达，在调节体循环、排泄废物、回收有效成分方面发挥着重要作用，且与物质转运有关，如脂肪、胆固醇、维生素 A、酶类的转运等。

乳剂在肠管吸收后经淋巴转运，避免了经肝的首过效应，可以提高药物的生物利用度。如果淋巴系统可能含有细菌感染与癌细胞转移等病灶，将药物送到淋巴就更有必要。如 5-氟尿嘧啶的 W/O 型乳剂经口服后，在癌组织及淋巴组织中的含量明显高于血浆。

W/O 型乳剂经肌内、皮下或腹腔注射后，易聚集于附近的淋巴器官，是目前将抗癌药转移至淋巴器官最有效的剂型。将抗癌药物制成 W/O 型乳剂，可抑制癌细胞经淋巴管的转移，或局部治疗淋巴系统肿瘤。

W/O 型和 O/W 型乳剂虽然都有淋巴定向性，但两者的程度不同。如丝裂霉素 C 乳剂在大鼠肌内注射后，W/O 型乳剂在淋巴液中的药物浓度明显高于血浆，且淋巴液、血浆浓度比随时间延长而增大；O/W 型乳剂则与水溶液差别较少，药物浓度比在 2 上下波动。

乳剂中药物的释放机制主要有透过细胞膜扩散、通过载体降低药物的亲水性，使其易透过油膜或通过复乳中形成的混合胶束转运等。

影响乳剂释药特性与靶向性的因素有：乳滴粒径，油相的比例、黏度、种类，乳化剂的种类与用量,乳剂的类型等。静注的乳剂乳滴在 0.1~0.5μm 时,被肝、脾、肺和骨的单核-巨噬细胞系统所清除;2~12μm 时,可被毛细血管摄取,其中 7~12μm 粒径的乳剂可被肺机械性滤取。

2. 脂质体

Hu 等以 compritol 888ATO 为脂质体基质,采用高压均质法制备全反式维甲酸(all-transretinoicacid,ATRA)的脂质体,很大程度上提高了药物的吸收和生物利用度。紫杉醇水中溶解度极低(约为 0.001g/L),普通制剂处方由聚氧乙烯蓖麻油(cremphor EL)和无水乙醇(1:1,V/V)组成。cremphor EL 能引起组胺释放,使用前需给予抗过敏类药物,即使如此仍有超过 2% 的严重过敏反应发生,可引起死亡。将紫杉醇制备成脂质体后明显降低了毒性,且保持了与市售普通注射剂相同的抗癌活性。普通脂质体为液体剂,易发生粒子聚集沉降、磷脂氧化分解和包封药物渗漏等问题,导致脂质体不稳定,而前体脂质体是一种固体制剂,可避免这些问题,其使脂质体以固态形式储存,只是在临用前加入分散介质即可再分散形成脂质体。Potluri 等用二肉豆蔻酰-卵磷脂和吐温-80 混合胶束作为黄体酮的前脂质体处方,极大地提高了药物的溶解度和膜转运量。

(三)纳米粒

纳米粒(nanopartices)包括纳米囊和纳米球。纳米囊属药库膜壳型,纳米球属基质骨架型。它们均是由高分子物质组成的固态胶体粒子,粒径多在 10~1000nm,可分散在水中形成近似胶体的溶液。药物制成纳米囊或纳米球后,具有缓释、靶向、提高药物稳定性、提高疗效和降低毒副作用等特点。注射纳米粒,不易阻塞血管,可靶向肝、脾和骨髓。纳米粒亦可由细胞内或细胞间穿过内皮壁到达靶部位,有些纳米粒具有在某些肿瘤中聚集的倾向,有利于抗肿瘤药物的应用。

(四)微囊 / 微球

药物制成微囊或微球后具有缓释长效和靶向作用。球粒径通常在 1~250μm,一般制成混悬剂供注射或口服给药。小于 7μm 时一般被肝、脾中的巨噬细胞摄取,大于 7~10μm 的微球常被肺的最小毛细血管以机械方式截留,被巨噬细胞摄取进入肺组织或肺气泡。释放机制为扩散、材料的溶解和材料的降解三个过程。

二、主动靶向制剂

主动靶向制剂是通过作用于特定靶点抑制肿瘤细胞增殖和生长。主动靶向主要包括小分子靶向制剂、单克隆抗体、抗体偶联药物以及靶向纳米载药系统（表 8-2）。目前，研究较多的是抗体偶联药物（antibody drug conjugates，ADCs）与靶向纳米载药系统。

表 8-2 国内外已经上市的主动靶向制剂

编号	药物名称	商品名	上市公司	靶点/效应	适应证
1	吉非替尼	Iressa	Astrazeneca	抑制表皮生长因子受体	非小细胞肺癌
2	厄洛替尼	Tarceva	Osi Pharms	抑制表皮生长因子受体	非小细胞肺癌
3	阿法替尼	Gilotrif	Boehringer Ingelheim	抑制表皮生长因子受体	非小细胞肺癌
4	拉帕替尼	Tykerb	Novartis Pharms	EGFR/HER2 双重激酶抑制剂	HER2 阳性的乳腺癌
5	索拉菲尼	Nexavar	Bayer Hlthcare	抑制血管内皮生长因子受体	原发性肾癌、晚期原发性肝癌
6	舒尼替尼	Sutent	Cppi CV	抑制血管内皮生长因子受体	胃肠道间质瘤、晚期肾细胞癌
7	帕唑替尼	Votrient	Novartis Pharms	抑制血管内皮生长因子受体	肾细胞癌
8	凡德他尼	Caprelsa	Genzyme	抑制血管内皮生长因子受体	甲状腺癌
9	阿西替尼	Inlyta	PF PRISM CV	抑制血管内皮生长因子受体	晚期肾细胞癌
10	瑞格非尼	Stivarga	Bayer Hlthcare	抑制血管内皮生长因子受体	胃肠道间质瘤
11	乐伐替尼	Lenvima	Eisai Inc	抑制血管内皮生长因子受体	甲状腺癌
12	维罗非尼	Zelboraf	Hoffmann La Roche	抑制 B-Raf 活性	BRAF(V600)、变异体阳性的黑色素瘤
13	达拉非尼	Tafinlar	Novartis Pharms	抑制 B-Raf 活性	黑色素瘤
14	曲美替尼	Mekinist	Novartis Pharms	MEK 抑制剂	黑色素瘤
15	伊马替尼	Gleevec	Novartis	Pharms Bcr-Abl 激酶抑制剂	慢性髓性白血病
16	吉利德	Zydelig	Gilead Sciences	PI3K δ 抑制剂	慢性淋巴细胞白血病、滤泡型 B 细胞非霍奇金淋巴瘤
17	依维莫司	Afinitor	Novartis Pharms	mTOR 抑制剂	晚期肾癌
18	西罗莫司	Torisel	PF PRISM CV	mTOR 抑制剂	晚期肾癌
19	硼替佐米	Velcade	Millennium Pharms	蛋白酶体抑制剂	多发性骨髓瘤
20	卡非佐米	Kyprolis	Onyx Therap	蛋白酶体抑制剂	多发性骨髓瘤
21	belinostat	Beleodaq	Spectrum Pharms	组蛋白脱乙酰酶抑制剂	多发性骨髓瘤、T 细胞淋巴瘤
22	贝伐单抗	Avastin	Genentech	抑制血管内皮生长因子 A(VEGF-A)	转移性结肠癌
23	西妥昔单抗	Erbitux	Imclone	抑制表皮生长因子受体	转移性结直肠癌、头颈癌
24	帕尼单抗	Vectibix	Amgen	抑制表皮生长因子受体	结直肠癌

续表

编号	药物名称	商品名	上市公司	靶点/效应	适应证
25	曲妥珠单抗	Herceptin	Genentech	人源化抗 HER2 的 IgG1	乳腺癌
26	泊妥珠单抗	Perjeta	Genentech	表皮生长因子受体-2	乳腺癌
27	德诺苏单抗	Prolia /Xgeva	Amgen	细胞核因子 κB 受体激活剂配基抑制剂	肿瘤骨转移
28	托西莫单抗	Bexxar	Smithkline Beecham	抗 CD20	复发性或难治性低分度滤泡状或已变形的非霍奇金淋巴瘤
29	易普利姆玛单抗	Yervoy	Bristol Myers Squibb	抗 CTLA-4	转移性黑色素瘤
30	ramucirumab	Cyramza	Eli Lilly and Company	靶向 VEGFR2	转移性非小细胞肺癌
31	ofatumumab	Arzerra	Glaxo Group Ltd	抗 CD20	慢性淋巴细胞性白血病
32	obinutuzumab	Gazyva	Genentech	抗 CD20	慢性淋巴细胞性白血病
33	blinatumomab	Blincyto	Amgen	双特异性抗体，抗 CD19，抗 CD3	费城阴性复发或难治性早期 B 细胞型急性淋巴细胞性白血病
34	利妥昔单抗	Rituxan	Genentech /Idec Pharmaceuticals	嵌合或鼠抗 CD20 免疫球蛋白 1	CD20 阳性的淋巴瘤和慢性淋巴细胞白血病
35	阿伦单抗	Campath	Genzyme	结合 CD52	慢性淋巴细胞白血病(CLL)、皮肤 T 细胞淋巴瘤(CTCL)、T 细胞淋巴瘤
36	替伊莫单抗	Zevalin	Spectrum Pharms	抗体结合 CD20 抗原，通过 ADCC 与 CDC 触发细胞死亡	复发或难治疗肿瘤
37	trastuzumab	emtansine(T-DM1)	Kadcyla Genentech	曲妥珠单抗靶向 HER2，TDM1 为细胞毒制剂	HER2 阳性转移性乳腺癌(MBC)
38	brentuximab	vedotin(SGN-35)	Adcetris Seattle Genetics	CD30	霍奇金淋巴瘤、系统性间变性大细胞淋巴瘤
39	gemtuzumab	ozogamicin*	Mylotarg Wyeth Pharms Inc	与 CD33 链接后释放细胞毒抗肿瘤抗生素刺孢霉素	复发性急性粒细胞性白血病
40	载基因纳米粒(突变细胞周期控制基因)	Rexin-G	Epeius Biotechnologies	细胞周期调节因子	胰腺癌
41	地尼白介素(白介素 2 与白喉毒素偶联)	Ontak	Eisai Inc	白喉毒素与 IL-2 靶向消除 T 淋巴细胞	T 细胞淋巴瘤

表 8-2 中，编号 1~21：小分子靶向制剂；编号 22~36：单克隆抗体；编号 37~39：抗体偶联药物；编号 40：靶向纳米载药系统；编号 41：是由白介素-2 和白喉毒素耦联而成的融合蛋白毒素；*：2010 年撤市。

主动靶向制剂的作用机制如下：①小分子靶向制剂，如吉非替尼、阿法替尼、索拉非尼等激酶抑制剂可以进入细胞内，与相应的靶点结合，抑制血管的生成与肿瘤细胞的增殖，从而产生抑瘤效果。②单克隆抗体特异性识别受体胞外区，干扰信号转导途径，调控参与癌细胞增殖的原癌基因。此外，单克隆抗体与受体的结合还可以激发补体介导的细胞杀伤效应（complement dependent cytotoxicity，CDC）和抗体依赖的细胞杀伤效应（antibody- dependent cell-mediated cytotoxicity，ADCC），发挥间接抗肿瘤作用。③抗体偶联药物由抗体、细胞毒药物、偶联链三部分组成。抗体作为递送载体与肿瘤相关抗原特异性结合，使细胞毒药物送至靶部位。④靶向纳米载药系统是在药物载体表面修饰抗体、糖蛋白、脂蛋白、转铁蛋白、多肽类、叶酸、核酸等适当基团，使其与靶细胞的受体或抗原特异性结合，在被动靶向基础上，将药物浓集于靶部位。

（一）药物载体修饰技术

药物载体经修饰后可将疏水表面由亲水表面代替，就可以减少或避免单核-巨噬细胞系统的吞噬作用，有利于靶向于肝脾以外的缺少单核-巨噬细胞系统的组织，又称为反向靶向。利用抗体修饰，可制成定位于细胞表面抗原的免疫靶向制剂。

1. 修饰性脂质体

①长循环脂质体：脂质体的表面经适当修饰后，可避免单核-巨噬细胞系统的吞噬，减少了载药脂质体脂膜与血浆蛋白的相互作用，延长了药物在体内的循环时间，称为长循环脂质体。用 PEG 修饰，可降低被巨噬细胞识别和吞噬的可能性，从而延长在循环系统的滞留时间，有利于肝脾以外的组织或器官的靶向性。如将配体或抗体结合在 PEG 的末端，则既可保留长循环，又可保持对靶体的识别。

②免疫脂质体：在脂质体表面接上某种抗体，具有对靶细胞分子水平上的识别能力，可提高脂质体的专一靶向性。免疫脂质体可以提高人体免疫功能，加快免疫应答，增强脂质体结合与靶细胞释药的能力，同时具有载药量大、体内滞留时间长的特点。

③糖基修饰的脂质体：不同糖基结合在脂质体表面，在体内可产生不同的分布。如半乳糖基脂质体可被肝实质细胞摄取，氨基甘露糖的衍生物能集中分布于肺内。

2. 修饰的纳米乳

修饰后的纳米乳表面性质改变，在循环系统中存在的时间延长，药物在炎症部位的浓度提高。

3. 修饰的微球

用聚合物将抗原或抗体吸附或交连形成的微球，称免疫微球。它可用于抗癌药的靶向治疗，也可用于标志和分离细胞作诊断和治疗，亦可使免疫微球带上磁性，提高靶向性和专一性，还可用免疫球蛋白处理红细胞得免疫红细胞。免疫微球是体内免疫反应很小的、靶向于肝脾的免疫载体。

4. 修饰的纳米球

修饰的纳米球包括聚乙二醇修饰的纳米球与免疫纳米球。经聚乙二醇修饰的纳米球的药物半衰期延长，在病变部位的分布量增多，并随着时间增加而增加，对病变部位的抑制作用增强。

（二）前体药物

前体药物指活性药物衍生而成的惰性物质，能在体内经化学反应或酶反应，使活性的母体药物再生而发挥其治疗作用。

1. 前体药物在特定的靶向部位再生为母体药物的基本条件

①使前体药物转化的反应物或酶仅在靶部位才存在或表现出活性；②前体药物能同药物的受体充分接触；③酶需有足够的量以产生足够的活性药物；④产生的活性药物应能在靶部位滞留，而不漏入循环系统产生毒副作用。

2. 抗癌的前体药物

某些抗癌药制成磷酸酯或酰胺类前体药物可在癌细胞定位，因为癌细胞比正常细胞含更高浓度的磷酸酯酶和酰胺酶；若干肿瘤能产生大量的纤维蛋白酶原激活剂，可活化血清纤维蛋白溶酶原成为纤维活性蛋白溶酶，故将抗癌药与合成肽连结，成为纤维蛋白溶酶的底物，可在肿瘤部位使抗癌药再生。

3. 脑部靶向前体药物

脑部靶向释药对治疗脑部疾病意义较大。因为只有强脂溶性药物可通过血脑屏障，而强脂溶性药物对其他组织的分配系数也很高，从而引起明显的毒副作用。因此必须采取一定的措施，让药物仅在脑部发挥作用。如口服多巴胺的前体药物 *L*-多巴：进入脑部

纹状体的 *L*–多巴经再生而发挥治疗作用，但进入外围组织的多巴再生后会引起许多不良反应。可用抑制剂如芳香氨基脱羧酶–卡比多巴抑制进入外围组织 *L*–多巴的再生，使不良反应降低。由于卡比多巴不能进入脑组织，因而不妨碍 *L*–多巴在脑组织的再生。

4. 结肠靶向前体药物

结肠释药对治疗结肠局部病变如结肠癌、溃疡性结肠炎等特别有用。其主要原因是结肠有特殊菌落产生的酶，可使苷类、酯类和肽类在结肠酶解，从而具有结肠靶向性。

（三）药物大分子复合物

药物大分子复合物指药物与聚合物、抗体、配体以共价键形成的分子复合物，主要用于肿瘤靶向研究。

三、物理化学靶向制剂

物理化学靶向制剂能够自主或在外力控制下到达理想位置释药。利用靶区微环境的变化，如 pH、酶活性、氧化还原反应，或者给予外力，如光照、超声、磁场等来影响载药微粒的位置，进而实现药物的靶向释放。

如 ThermoDox 是一种将多柔比星包裹在脂质体内的热敏抗癌药，该脂质球体被加热到特定温度时，其外壳的物理结构被快速改变，形成多个小开口，抗癌药物即可从中快速释放出来，目前已用于肝癌与乳腺癌的临床研究中。

（一）磁性微球

制备磁性微球时可以将磁性物质加入包囊材料，然后按照微球制备法制备而成。也可以先制成微球，再将微球磁化。常用的磁性物质为超细磁流体，磁性材料为 FeO 或 Fe_2O_3。将微球注入病灶部位血管，在外界磁场的作用下，可将药物导向靶组织器官。

对磁性微球的形态、粒径分布、溶胀能力、体外磁效应、载药稳定性及应用均有一定要求。

（二）栓塞微球

动脉栓塞是将导管插入病灶部位的动脉中，通过注射将含药物的微球输送到靶组织，微球可以阻断对靶区的供血和营养，使靶区的肿瘤细胞缺血坏死；同时微球逐渐释放药物，杀死肿瘤。因此栓塞微球具有栓塞和靶向化疗的双重作用。

（三）热敏感脂质体

利用在相变温度时，脂质体的类脂质双分子层膜从胶态过渡到液晶态、脂质膜的通透性增加、药物释放速度增大的原理可制成热敏脂质体。例如将不同比例的二棕榈酸磷脂（DPPC）和二硬脂酸磷脂（DSPC）混合，可制得不同相变温度的脂质体。如将制成的3H甲氨蝶呤热敏脂质体，注入荷Lewis肺癌小鼠的尾静脉，然后用微波加热肿瘤部位至42℃，4h后病灶部位的放射性强度明显高于非热敏脂质体对照组。

（四）pH敏感脂质体

利用肿瘤间质的pH比周围正常组织细胞显著低的特点，选择对pH敏感的类脂材料，如二棕榈酸磷脂或十七烷酸磷脂作膜材，可制备载药的pH敏感性脂质体。其原理为：当脂质进入肿瘤部位时，pH的降低导致脂肪酸羧基的质子化，形成六方晶相的非相层结构，从而使膜融合，加速释药。

第五节　脑靶向给药系统

脑是人体的重要器官，很多疾病的发生都与脑组织的病变有关，例如中枢神经系统疾病（阿尔茨海默症、帕金森病）、脑血管病变和脑肿瘤等。据文献统计，目前全世界约有15亿人患有不同程度的中枢神经系统疾病，该类疾病已经成为危害人类生命和健康的重大疾病。其中，阿尔茨海默症尤为多见，其发病率呈逐年上升的趋势，已经成为继心脑血管疾病、癌症之后的第3位致死病因。帕金森病是以震颤、肌肉僵直、行动迟缓为临床特征的神经退行性疾病，目前也缺乏理想的治疗药物和方法。此外，血脑屏障（BBB）的存在限制了很多药物的脑内转运，严重影响了脑部疾病的治疗效果。

近年来，脑靶向递药系统的发展为脑部疾病的治疗带来了希望，其主要通过受体介导、吸附介导或转运体介导等方式实现跨BBB转运；此外，经鼻给药也是一种可供选择的脑内递药途径。[21]

一、受体介导的脑靶向给药系统

通过受体介导转运递送药物入脑是目前最为成熟的脑靶向策略之一。脑毛细血管内皮细胞上存在多种特异性的受体，如转铁蛋白受体、低密度脂蛋白受体、N-乙酰胆碱受体和胰岛素受体等。采用上述受体的配体或抗体为靶向分子，构建纳米载药系统或药物复合物，有望通过与受体的特异性结合介导药物入脑。

（一）转铁蛋白受体介导的脑靶向

转铁蛋白受体广泛表达于脊椎动物的各类细胞，在肿瘤细胞和 BBB 的表达尤为丰富，其天然配体为转铁蛋白（Tf）。早在 1987 年，就已证明 Tf 可以通过 TfR 介导跨越 BBB。阿霉素聚合物泡囊（Tf–PO–DOX）荷胶质瘤模型鼠的药动学研究表明，泡囊表面修饰 Tf 可显著增加阿霉素在脑组织和脑肿瘤的摄取，提高脑肿瘤的治疗效果。

（二）低密度脂蛋白受体及相关蛋白介导的脑靶向

低密度脂蛋白受体家族由 10 种不同的受体组成，分布在不同的组织，其特异性配体为低密度脂蛋白和载脂蛋白（Apo）等。

（三）N—乙酰胆碱受体介导的脑靶向

烟碱型乙酰胆碱受体广泛表达于脑组织，包括脑毛细血管内皮细胞。已有研究报道，狂犬病毒糖蛋白能够特异性地与神经元细胞上的 nAChR 结合，介导狂犬病毒进入神经元细胞。

（四）胰岛素受体和胰岛素样生长因子受体介导的脑靶向

胰岛素受体是一种相对分子质量为 30000 的糖蛋白，存在于脑毛细血管内皮细胞膜。受体的天然配体是胰岛素，放射自显影证实，胰岛素与人脑毛细血管的结合位点高亲和。但因胰岛素在血液中快速降解且可能引起低血糖，不宜直接作为脑靶向分子。有研究者利用胰蛋白酶消化胰岛素得到胰岛素活性片段，其与胰岛素受体保持高亲和性，但不易引起低血糖反应。

二、双级靶向给药系统

脑靶向给药系统可能提高脑部疾病的治疗效果，但入脑药物浓度的提高也可能增加中枢神经系统的毒性作用及不良反应。双级靶向在给药系统表面同时修饰两类靶向分子，其中一类靶向分子亲和 BBB，可以靶向递药入脑；另一类亲和脑内病灶细胞，能够进一步递送药物至病灶组织。因此，双级靶向给药系统有望提高脑部疾病的治疗效果，降低中枢神经系统的毒性作用及不良反应，是一种更为理想的脑靶向给药系统。

三、吸附介导的脑靶向给药系统

BBB 荷负电，如基膜侧的硫酸乙酰肝素和腔面侧的唾液酸等，其与阳离子蛋白接触后能够通过静电吸附而引发吸附介导的胞吞转运。其中阳离子化清蛋白是该类阳离子蛋白的代表，可以作为脑靶向分子。β-内啡肽通过二硫键与阳离子化牛血清清蛋白结合，其透过 BBB 的速率和程度显著高于游离 β-内啡肽。碱性多肽和蛋白生理条件下带正电，目前已证实多种碱性多肽和蛋白可以通过吸附介导入脑，如依比拉肽、TAPA 肽、组蛋白、亲和素、麦胚凝集素、蓖麻凝集素 I、鱼精蛋白和人碱性纤维细胞生长因子等。

四、转运体介导的脑靶向给药系统

脑组织需要大量营养物质维持生理功能，这些物质可以通过 BBB 中的转运体介导入脑。脑毛细血管内皮细胞存在 30 多种特异性的转运体，按易化扩散和主动转运机制运送氨基酸和糖类等。将药物制成氨基酸、己糖等的类似物，或与其制成复合物，也可通过转运体系统介导入脑。

（一）己糖转运体系统

该系统的生理功能主要转运葡萄糖及其类似物，如 2-脱氧-D-葡萄糖、甘露糖和半乳糖等。通过酯键、酰胺键或糖苷键将药物与糖分子连接，可经己糖转运体介导药物入脑。例如多巴胺-D-葡萄糖能经己糖转运体介导通过 BBB。Met5-脑啡肽的 L-丝氨酰-β-D-葡萄糖苷类似物的脂溶性比其母体多肽小，但腹腔注射后可穿透 BBB 发挥镇痛作用；而非葡萄糖化的母体多肽镇痛效果较差。

（二）单羧酸转运体系统

其生理功能主要转运乳酸、丙酮酸、3-羟基丁酸等内源性代谢物质，将药物与上述物质结合也能介导入脑。例如，苄星青霉素与乳酸结合后能够提高脑内转运效率。

（三）氨基酸转运体系统

该系统通常介导必需氨基酸和部分非必需氨基酸如苯丙氨酸、亮氨酸、异亮氨酸和色氨酸等。如将氮芥制成苯丙氨酸-氮芥复合物，能够通过中性氨基酸转运体介导，显著提高脑内的氮芥浓度；加巴喷丁与苯丙氨酸制成复合物后也能增加脑内递送。

五、经鼻腔途径的脑内给药

我国古代就有鼻腔给药治疗脑部疾病的记载。早在汉代，张仲景的《伤寒杂病论》中载有"薤捣汁，灌鼻中"，治疗昏迷猝死；《本草纲目》用巴豆油纸捻，燃烟熏鼻，治疗脑卒中；《中国药典》采用"通关散"鼻腔给药，可起到通关开窍的作用。张奇志等证实了尼莫地平鼻腔给药后能够由嗅黏膜吸收，经嗅球、嗅区向其他脑组织转运。目前，双氢麦角胺、曲普坦类药物等鼻用制剂已在临床应用。

药物经鼻黏膜吸收入脑的通路：嗅黏膜上皮通路；嗅神经通路；血循环通路；鼻黏膜下的三叉神经通路。

近年来，脑靶向递药研究越来越受到关注，靶向策略也有很大的发展和提高，但总体来说还处于初期阶段，主要存在如下问题：

1. 靶向效率低、组织选择性差是目前脑靶向研究的普遍问题，也是最大问题。与临床应用药物或普通非靶向递药系统相比，一方面，脑靶向系统的脑内递药效率通常仅有数倍提高，尚未达到质的突跃。另一方面，多数脑靶向递药系统在提高药物脑内递释的同时可能更大程度增加其他组织的药物浓集。

2. 脑靶向的效率及其组织选择性主要取决于靶向分子与靶标的亲和性以及靶标在各组织分布的专属性。目前文献报道的靶向分子在上述方面存在一定的缺憾，因此，新靶点的探寻和新型靶向分子的优选是解决上述问题的重要措施。

3. 目前的脑靶向基本关注如何提高药物的脑内递释，至于药物入脑后如何分布却关注不多。实际上，脑组织是人体的中枢，药物到达脑病灶部位可以提高治疗效果，而到达非病灶部位就有可能产生更严重的中枢系统不良反应，这显然不符合脑靶向的初衷。因此，在提高药物入脑后进一步使其在脑内病灶浓集，具有更加重要的研究价值和临床意义。针对 BBB 和脑病灶受体，分别构建双级靶向递药系统，有利于系统在透过 BBB 后进一步浓集于病灶组织，提高治疗效果，降低毒性作用及不良反应。

4. 脑肿瘤尤其是脑胶质瘤的治疗显著难于也更复杂于其他组织的实体瘤。对于脑肿瘤治疗与 BBB 的关系目前众说纷纭，就研究现状分析，脑肿瘤与 BBB 既有一定的关联，也有相对独立性。当脑肿瘤形成实体后，由于新生血管丰富，其渗透和滞留增强效应明显，BBB 的屏障作用相应减弱甚至消失；但在脑肿瘤形成初期，或在肿瘤与脑组织的浸润部位，新生血管相对稀少，BBB 对于药物和靶向系统的递送通常起到很大的屏障作用；而对于脑肿瘤手术后的化疗，由于新生血管被手术一定程度的破坏，BBB 的屏障作用也应该被考虑。此外，对于不同恶性程度（级别）的脑肿瘤，BBB 对其靶向治疗的影响也各不相同。因此，脑肿瘤的靶向治疗应该根据不同情况采取相应的靶向策略。

◎　阶段性习题与答案

第九章　经皮给药系统

第一节　经皮给药系统概述

一、经皮吸收制剂的概念

经皮吸收制剂又称经皮治疗系统（transdermal therapeuticc system，TTS）或称经皮给药系统（transdermal drug delivery system，TDDS），是指将药物用适宜的基质，制成固体、半固体或液体剂型，用于皮肤，药物透过皮肤由毛细血管吸收进入全身血液循环达到有效血药浓度，并在各组织或病变部位起治疗或预防疾病的作用。经皮吸收制剂的常用剂型有贴剂（dermal patch）、软膏剂、硬膏剂、凝胶剂、膜剂、涂剂、气雾剂、微针等。

皮肤是人体最大的器官，主要作用是抵御外来物质侵入机体，防止体内水分和营养成分的丧失，因此皮肤用药过去主要是治疗皮肤局部疾病。然而，自1974年美国上市第一个Transderm-Scop镇晕剂东莨菪碱经皮给药系统和1981年抗心绞痛硝酸甘油透皮吸收制剂用于临床以来，出现了许多具有全身治疗作用的经皮吸收制剂，包括硝酸甘油、雌二醇、芬太尼、烟碱、可乐定、睾酮、硝酸异山梨酯、左炔诺孕酮、尼群地平、尼古丁、利多卡因、氟比洛芬、吲哚美辛、洛索洛芬、酮洛芬、雷莫司琼等经皮给药系统商品。

二、经皮给药制剂的特点

经皮给药制剂的研发和上市发展迅猛，具有独特的优点：①可避免口服给药产生的肝脏首过效应和药物在胃肠道的降解，药物的吸收不受胃肠道因素的影响，减少了用药的个体差异；②一次给药可以长时间使药物以恒定速率进入体内，减少用药次数，延长给药间隔；③可按需要的速率将药物输入体内，维持恒定的最佳血药浓度或生理效应，避免了口服给药等引起的血药浓度峰谷现象，减少了毒副作用；④使用方便，可以随时中断给药，去掉给药系统后，血药浓度下降，特别适于婴儿、老人或不宜口服给药的患者，提高了顺应性。

TDDS 作为一种全身用药的新剂型具有许多优点，同时也有其局限性：①由于皮肤屏障作用，供应用的药物限于强效类；②起效较慢，且多数药物不能达到有效治疗浓度；③对皮肤可能有刺激性和过敏性；④ TDDS 的剂量较小，一般认为每日超过 5mg 的药物就已经不容易制备成理想的 TDDS；⑤生产工艺和条件较复杂。

三、经皮吸收制剂的分类和组成

根据目前生产及临床应用现状，经皮吸收制剂可大致分为四类：

（一）膜控释型经皮给药系统

膜控释型经皮给药系统（membrane—moderated type DDS）主要由无渗透性的背衬层、药物贮库层、控释膜层、黏胶层和防粘层（保护膜）五部分组成。硝酸甘油、东莨菪碱、雌二醇、可乐定的透皮给药系统均为膜控释型 TDDS（见图 9-1）。

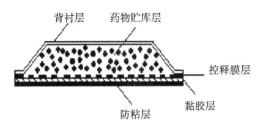

图 9-1　膜控释型 TDDS

背衬层是用于支持药物贮库或压敏胶等的薄膜，通常以软铝塑材料或不透性塑料薄膜如聚苯乙烯、聚乙烯、聚酯等制备，应对药物、胶液、溶剂、湿气和光线等有较好的阻隔性能，同时应柔软舒适，并有一定强度，易于与控释膜复合，背面方便印刷商标、药名和剂量等文字。

药物贮库层可以用多种方法和多种材料制备。例如将药物分散在聚异丁烯压敏胶中涂布而成，也可以混悬在对膜不渗透的黏稠流体如硅油或半固体软膏基质中，或直接将药物溶解在适宜溶剂中等。

控释膜层则是由聚合物材料加工而成的微孔膜或无孔膜，例如乙烯-醋酸乙烯共聚物、聚丙烯都是较常用的膜材。

防粘层所用材料主要用于 TDDS 黏胶层的保护，为了防止压敏胶从药物贮库或控释膜上转移到防粘材料上，材料的表面能应低于压敏胶的表面能。常用的防粘材料有聚乙烯、聚苯乙烯、聚丙烯等，有时也使用表面经石蜡或甲基硅油处理过的光滑厚纸。

黏胶层所用黏胶剂是指可以使同种或不同种物质相结合的材料，可以应用各种压敏胶（PSA，系指那些在轻微压力下即可实现粘贴同时又容易剥离的一类胶粘材料），如硅橡胶类、丙烯酸类、聚异丁烯类等。

（二）黏胶分散型经皮给药系统

黏胶分散型经皮给药系统的基本结构与膜控释型经皮给药系统相同，药物贮库层及控释层均由压敏胶组成。药物分散或溶解在压敏胶中形成含药黏胶层，作为药物贮库，均匀涂布在不渗透的背衬层上。为了增强压敏胶与背衬层之间的黏结强度，通常先用空白压敏胶先行涂布在背衬层上，再覆以含药胶，在含药胶层上再覆以具有控释能力的胶层。由于药物扩散通过的含药胶层的厚度随释药时间延长而不断增加，故释药速度随之下降。为了保证恒定的给药速度，可以将黏胶层分散型系统的药物贮库按照适宜浓度梯度制备成多层含不同药量及致孔剂的压敏胶层，随着浓度梯度的增加或孔隙率的增加，因厚度变化引起的速度减低可得以补偿（图9-2）。

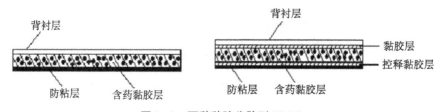

图 9-2　两种黏胶分散型 TDDS

（三）骨架扩散型经皮给药系统

骨架扩散型经皮给药系统由背衬层、药物骨架层、黏胶层和防粘层（保护层）组成。药物骨架层中，药物均匀分散或溶解在疏水或亲水的聚合物骨架中，然后分剂量成固定面积大小及一定厚度的药膜。压敏胶层可直接涂布在药膜表面，也可以涂布在与药膜复合的背衬层。Nitro-Dur 硝酸甘油 TDDS 属于该类型，其骨架系由聚乙烯醇、聚维酮和羟丙基纤维素等形成的亲水性凝胶，制备成圆形膜片，与涂布压敏胶的圆形背衬层黏合，加防粘层即得（图9-3）。

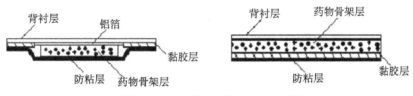

图 9-3　两种骨架扩散型 TDDS 结构

（四）微贮库型经皮给药系统

微贮库型系统兼具膜控制型和骨架型的特点，如图 9-4 所示。其一般制备方法是先把药物分散在水溶性聚合物（如聚乙二醇）的水溶液中，再将该混悬液均匀分散在疏水性聚合物中，在高切变机械力下，使之形成微小的球形液滴，然后迅速交联疏水聚合物分子使之成为稳定的包含球型液滴药物贮库的分散系统，将此系统制成一定面积及厚度的药膜，置于黏胶层中心，加防粘层即得（图 9-4）。

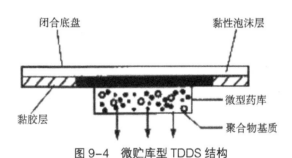

图 9-4　微贮库型 TDDS 结构

四、经皮给药系统的应用

经皮给药系统应用于止痛的药物有酮洛芬敏感、芬太尼等。如由久光制药开发上市的 Mohrus Tape L 40mg 是一种含酮诺芬的贴剂，用于治疗类风湿性关节炎、变形性关节炎、肩周炎、腰痛、肌肉痛、椎间盘症。规格为每片 2g 膏体，含 40mg 酮洛芬，L-薄荷醇作为主要的促渗剂。

芬太尼临床上常用枸橼酸盐，为强效麻醉性镇痛药，镇痛强度约为吗啡的 80 倍，体内半衰期是 2~3h。芬太尼 TDDS 可以制备成充填封闭型或胶粘剂骨架型。充填封闭型芬太尼给药系统 TDDS 基本组成：聚酯膜作为背衬膜，药物贮库层由芬太尼、30%乙醇和2%羟乙基纤维素组成，乙醇作为芬太尼的经皮吸收促进剂，每 10cm^2 释药表面积内含乙醇 0.1ml，控释膜为乙烯-醋酸乙烯共聚物，控释膜外是含药的聚硅氧烷压敏胶，保护膜为硅化纸。胶粘剂骨架型芬太尼给药系统基本组成：用 6.5μm 厚的聚酯膜作背衬膜，在其上有 75μm 厚的胶粘层，由聚硅氧烷压敏胶组成，内含 7.8% 的芬太尼、1.2% ~5% 的丙二醇单月桂酸酯和 2% 硅油，胶粘层上覆盖硅化氟碳聚酯膜。

盐酸雷莫司琼主要用于抗癌药化疗后患者止吐。对于化疗患者，由于严重的胃肠道副作用，难以服用口服制剂，制成贴剂后则提高了患者的顺应性。

可乐定是强效降压药，还可防治偏头痛与治疗开角型青光眼，常用剂型为注射剂与片剂。可乐定 pKa 为 8.25，具有一定的水溶性与较高的亲脂性，体内半衰期 6h，适宜制备成经皮给药系统。膜控释型可乐定给药系统的基本组成：背衬膜是聚酯膜，药物贮库含可乐定、液状石蜡、聚异丁烯和胶态二氧化硅，控释膜是微孔聚丙烯膜，胶粘层含有与药物贮库层相同的组分。膜控释型可乐定给药系统应用于皮肤上后能持续 7 天以恒定的速率给药。

雌二醇临床上用于卵巢功能不全或卵巢激素不足引起各种症状，主要治疗妇女更年期综合征。充填封闭型雌二醇给药系统的基本组成为：由羟丙基纤维素乙醇溶液形成的凝胶作为贮库介质，其中的乙醇作为经皮吸收促进剂，乙烯-醋酸乙烯共聚物为控释膜，胶粘层是聚异丁烯压敏胶。

硝酸甘油是一种有效的心绞痛治疗剂，常用片剂舌下黏膜吸收给药，但由于生物半衰期小，作用时间短，需频繁给药。当血药浓度高时，出现头痛、头胀等副作用，所以硝酸甘油控释制剂的研究具有广泛的意义。硝酸甘油稍溶于水（1:800），易溶于乙醇，消除半衰期仅约 3min，口服给药首过效应达 60%，其物理性质与药物动力学性质均适合于经皮给药。硝酸甘油贴剂的基本组成为：六层结构，最下层为铝箔膜覆盖层；第二层为药物骨架：硝酸甘油加乳糖分散在 PVA 和 PVP（介质：甘油和水）中；第三层为圆形铝塑膜；第四层为黏胶层：黏胶部分涂于背衬层内测的外周；第五层为海绵垫，吸附用药过程中产生的液体；最上层为背衬层。

第二节　药物经皮吸收途径及其影响因素

一、皮肤的基本生理构造

皮肤是人体最大的器官，占人体重的 5%~8%，若包括皮下组织重量则可达体重的16%。成人皮肤面积约为 1.7m²。作为解剖学和生理学上的重要边界器官，皮肤覆盖于人体全身表面，主要功能为保护、感觉、调节体温、分泌和排泄等。它保护机体免受外界环境中机械的、物理的、化学的、生物的等有害因素的侵害，感知冷、热、痛、触等刺激，并做出相应的应激反应，控制机体内的各种营养物质、电解质和水分的损失，通过皮脂与汗液排泄机体代谢产物，并通过周期性更新表皮，有效保持机体的内环境稳定和皮肤自身的动态平衡。

皮肤由表皮、真皮和皮下组织构成，并与其下的组织相连。皮下组织由疏松结缔组织和脂肪组织组成，它在身体各部的厚度差别相当大。皮肤中还含有丰富的血管、淋巴管、神经、肌肉及各种皮肤附属器，如毛发、毛囊、汗腺、皮脂腺、指（趾）甲等。

表皮由外而内分为角质层、透明层、颗粒层、棘层、基底层。角质层位于皮肤的最表面，是由已角化的细胞构成的层状物质，厚度为 $10~20\mu m$，由 15~20 层的长扁平状角蛋白细胞组成。角质层并不均匀，其外面的 2~3 层较松，细胞易脱落，故其屏障作用较弱，其余部分较均匀，对外界物质进入的屏障作用较强。^{14}C 标记的氢化可的松在正常皮肤只吸收 1%~2%，而在剥脱角质层的皮肤可吸收 90%。胶布粘剥后角质层愈薄，物质愈易通透，这可用 Fick 原理来解释——物质透过薄膜的量与膜的厚度成反比。角质层细胞是像砖块一样交叉叠合在一起的，通常称为"砖墙结构"，其中角质细胞类似砖墙结构中的"砖块"，角质形成细胞间隙中的脂质则是"灰浆"。角质层脂质是构成表皮屏障功能的重要因素，角质层和细胞间脂质能够防止体内水分、电解质和营养物质的丢失，并阻抑外界物质侵入，达到有效的防护作用，以保持内环境稳定。细胞间脂质具有典型的生物膜双分子层结构，即亲脂基团向内，亲水基团向外，形成水脂相间的多层夹心结构。此结构一方面保留了生物膜的半通透或选择性通透的性质，有利于某些小分子营养物质如电解质的吸收渗透，另一方面它结合了一部分水分子，并将其固定下来，这些水即所谓的结合水，因此可有效保持机体的含水量。除角质层外，毛囊、皮脂腺和汗腺也可作为物质透过的通道，用组织化学、放射自显影以及荧光显微镜等方法可见透入物沿毛囊入侵。

药物在角质层中的扩散是它们的主要限速过程。角质层的屏障作用是对物质被动扩散的阻力作用，是纯粹的物理化学作用，不依赖于活细胞，不需要能量过程。一般认为，对于脂溶性较强的药物，角质层的屏障作用相对较小，主要的限速因素是由角质层向基底层的转运过程，而分子量较大的药物、极性或水溶性较大的药物则较难透过。真皮厚度达 $2000~3000\mu m$，系由纤维蛋白形成的疏松结缔组织，含水量约 30%。因为在该组织中分布有丰富的毛细血管、毛细淋巴管、毛囊和汗腺，从表皮转运至真皮的药物可以很快地被吸收。皮下组织是一种脂肪组织，具有皮肤血液循环系统、汗腺和毛孔，一般不成为药物吸收屏障。

皮肤附属器包括汗腺、毛囊、皮脂腺。毛孔、汗腺和皮脂腺从皮肤表面一直到达真皮层底部。毛孔、汗腺和皮脂腺总面积与皮总表面积相比小于1%，在大多数情况下不成为主要吸收途径，但大分子药物以及离子型药物可能由此途径转运。

二、药物在皮肤内的转运

皮肤主要通过四个途径吸收外界物质，即角质层、毛囊、皮脂腺和汗腺管。角质层是皮肤吸收的最重要的途径。

角质层的物理性质相当稳定，它在皮肤表面形成一个完整的半通透膜，在一定的条件下水分可以自由通过，经过细胞膜进入细胞内。药物可以透过角质层细胞或细胞间隙到达基底层，但由于角质层细胞扩散阻力大，所以药物分子主要由细胞间扩散通过角质层。角质层间类脂分子烃链部分形成疏水区，类脂分子的亲水部分结合水分子形成亲水区。这样极性药物分子经角质层细胞间的水性区渗透，而非极性药物通过疏水区渗透。皮肤外用的生物大分子，如抗原，主要经细胞内或细胞间的路线穿透连续的角质层。

有一些物质是通过毛囊、皮脂腺和汗腺管侧壁弥散到真皮中去的。药物通过皮肤附属器的穿透率要比表皮途径大，但皮肤附属器在皮肤表面所占面积较小，因而不是药物经皮吸收的主要途径。药物渗透开始时，首先通过皮肤附属器途径被吸收，当药物通过表皮途径到达血液循环后，药物经皮渗透达到稳态，则附属器途径的作用被忽略。对于一些离子型药物及水溶性的大分子，由于难以通过富含类脂的角质层，表皮渗透途径很慢，所以附属器途径是重要的。毛囊、皮脂腺、汗腺也能成为抗原的入口。毛囊相关结构的存在能帮助大分子进入有活力的皮肤细胞，然后在毛囊里面或其周围表达的蛋白会扩散到周围的皮肤组织及全身血液循环中，产生局部或全身的生物效应。

离子导入过程中，皮肤附属器是离子型药物通过皮肤的主要通道。药物应用到皮肤上后，药物从制剂中释放到皮肤表面。皮肤表面溶解的药物分配进入角质层进而扩散到真皮，被毛细血管吸收进入体循环。在整个渗透过程中，富含类脂的角质层起主要的屏障作用。当皮肤破损时，药物很容易被吸收。

三、皮肤渗透速率

低浓度时，单位时间、单位面积内物质的渗透率与其浓度成正比，即服从 Fick 定律。

$$Js=K_{m}D\Delta C/\delta$$

式中：Js——单位面积单位时间的渗透量；

K_{m}——物质在角质层和在赋形剂中的分配系数；

D——物质在角质层中的扩散常数；

ΔC——物质在角质薄膜（角质层）两侧溶液浓度之差；

δ——角质层厚度。

上述公式假定皮肤角质层是一种均匀的渗透屏障，实际上皮肤尚有许多附属器官。角细胞是由角蛋白纤维和间质交替镶嵌而成的，并非均质。同时皮肤渗透速率与分配系数也有关系。分配系数接近1时经皮吸收最好，

$$PC=C_{s}/C_{v}$$

式中：PC——分配系数；

C_{s}——平衡时物质在角质层的浓度；

C_{v}——平衡时物质在赋形剂中的浓度。

四、影响药物经皮吸收的生理因素

（一）年龄、性别、部位

大多数研究认为婴儿和老年人皮肤比其他年龄组皮肤透皮吸收能力更强。但是目前也有研究显示，新生儿皮肤和婴儿皮肤的透皮吸收能力与其他年龄组相比减少或正常，且无性别差异。人体全身皮肤的屏障作用并不一致。面部、前额和手背比躯干、上臂和小腿更易透过水分。手掌皮肤除水分外几乎一切分子均不能透过。有人发现前臂角质层的通透率与跖部及指甲同样厚度的角质层的通透率相同，所以认为各个部位的通透性不同可用角质层厚度不同来解释。不同药物的渗透可能有部位选择性，东莨菪碱TDDS的用药最佳部位在耳后，乙酰水杨酸对皮肤渗透性大小顺序是前额＞耳后＞腹部＞臂部，硝酸甘油这类渗透性很强的药物在人体许多部位的渗透性差异并不大。

（二）皮脂膜

皮肤表面皮脂膜对阻止皮肤吸收的作用极微，可以忽视。去除皮肤表面脂质后不影响皮肤对水的通透性。使用脂溶剂如酒精和乙醚后，可促使某些化合物更易于被吸收，是因为损伤了表皮屏障而非单纯去除了表皮脂膜。

（三）血流变化

当皮肤充血，血流增速时，经过表皮到真皮的物质很快即被移去，所以皮肤表面与深层之间的物质浓度差大，物质易于透入。

（四）屏障损伤与吸收

1. 物理性创伤

磨损和粘剥后的皮肤易透入，若用胶布将角质层全部粘剥去，水分经皮肤外渗可增加 30 倍，各种外界分子的渗入也同样加速。氢化可的松在正常皮肤的渗透量仅为给药量的 1%~2%，一旦除去角质层后，渗透量增加至 78%~90%。用有机溶剂对皮肤预处理亦有类似效果，可能是因为角质层中类脂的溶解或被提取后形成渗透通路。

2. 角质层含水量

水分是角质层形成不可缺少的。若角质层水分含量低于 10%，则角质层即变脆易裂，药物易于透入。角质细胞也能够吸收一定量的水分，自身发生膨胀和降低结构的致密程度，高程度的水合作用最终可使细胞膜破裂。水合作用使药物的渗透变得更容易。角质层含水量达 50% 以上时，药物的渗透性可增加 5~10 倍，水合作用对水溶性药物的促进吸收作用较脂溶性药物显著。

3. 化学性损伤

损伤性物质如芥子气、酸、碱等伤害屏障细胞，使皮肤通透性增加。用脂溶剂，如乙醚，反复擦皮肤去除皮面脂质，其屏障功能未发生多大变化。但若将离体表皮长期浸于脂溶剂或放在脂溶剂中煮沸，其屏障作用即完全丧失。角细胞膜的这种半透性质取决于它们的脂质含量。

4. 皮肤疾病

影响角质层的皮肤疾病可影响其屏障作用。急性红斑和荨麻疹对皮肤的屏障和吸收作用无影响。角化不全的皮肤病，如银屑病和湿疹，使屏障功能减弱，而吸收功能增强，皮损处水分弥散总是增速，外用的治疗药物在该处也比在正常皮肤处更易透入。

5. 皮肤的结合与代谢作用

皮肤结合作用是指药物与皮肤蛋白质或脂质等的结合，而且是可逆性结合。结合作用可延长药物透过的时间，也可能在皮肤内形成药物贮库。药物与组织结合力愈强，时滞和贮库的维持时间也愈长，如二醋酸比氟拉松用后 22d 仍可从角质层中测出药物。药物可在皮肤内酶的作用下发生氧化、水解、结合和还原作用等，但是皮肤内酶含量很低，且 TDDS 的面积很小，故酶代谢对多数药物的皮肤吸收不产生明显的首过效应。

五、影响药物经皮吸收的剂型因素与药物的性质

（一）药物剂量

气体及大多数物质浓度愈大，透入率愈大；但也有少数物质浓度高，对角蛋白有凝固作用，反而影响了皮肤的通透性，导致吸收不良。如苯酚，低浓度时，皮肤吸收良好；高浓度时，不但吸收不好，还会造成皮肤损伤。TDDS 一般选剂量小、作用强的药物，日剂量最好在几毫克，不超过 10~15mg。如硝酸甘油 TDDS 在 24h 吸收量为 5~12.5mg。雌二醇 TDDS 日剂量为 0.1~0.25mg。虽然一些药物可通过增加释药面积以增加渗透量，但面积过大以及长期使用，患者不易接受。

（二）分子大小及脂溶性

通常来说，药物的扩散系数与分子量的平方根或立方根成反比，分子量愈大，分子体积愈大，扩散系数愈小。分子量大于 600 的物质较难通过角质层。分子量小的氨气极易透入皮肤，但分子量大的物质，如汞软膏、葡聚糖分子（分子量为 15300）也可透入皮肤，而有些小分子物质则不易透入皮肤。这种情况可能和分子的结构、形状、溶解度等有关系。熔点愈高的药物和水溶性或亲水性的药物，在角质层的透过速率较低。脂溶性物质（如酒精、酮等）可透入细胞膜，水溶性物质因细胞中含蛋白质可吸收水分，故也可透入。角质层细胞的内部切面也为镶嵌型，有脂质 20%~25%，蛋白质 75% ~80%，所以水溶性物质可通过蛋白质透入，有机溶剂则通过脂质而透入。但脂溶性很强的药物，生长表皮和真皮的分配也可能会成为主要屏障。所以，经皮吸收的药物在水及油中的溶解度最好比较接近，而且无论在水相或是在油相均应有较大的溶解度。

（三）pH 与 pKa

离子型药物一般不易透过角质层，而非解离型药物具有相对较高的渗透性。表皮内为 pH 4.2~5.6 的弱酸性环境，而真皮内的 pH 约为 7.4，故可根据药物的 pKa 值来调节 TDDS 介质的 pH，使其离子型和分子型的比例发生改变，提高其透过性。

（四）TDDS 中药物的浓度

药物在皮肤中的扩散依赖于浓度梯度的被动扩散，驱动力是皮肤两侧的浓度梯度。

TDDS 中的药量的渗透速率与药物浓度有关，提高药物浓度，渗透速度相应提高。例如氟氢可的松的浓度从 0.01% 增加至 0.25% 时，渗透增加 2.5 倍，但若浓度从 1% 增加至 2.5% 时，渗透速率几乎没有改变。

（五）TDDS 中的经皮吸收促进剂

经皮吸收促进剂（penetration enhancers）亦称渗透促进剂，是指那些能降低药物通过皮肤的阻力，加速药物渗透穿过皮肤的物质。理想的经皮吸收促进剂应具对皮肤及机体无药理作用，无毒，无刺激性，无过敏反应，理化性质稳定，与 TDDS 中药物及材料无反应，具有良好的相容性，起效快，作用时间长。酚在水性赋形剂中比在花生油或聚乙二醇中更易通透，二甲基亚砜及其所溶解的物质能很快透入皮肤。

目前，常用的经皮吸收促进剂可分如下几类。

1. 表面活性剂

表面活性剂可分为阳离子型、阴离子型、两性离子型、非离子型。表面活性剂自身可以渗入皮肤，并可能与皮肤成分相互作用，改善其渗透性质。在各种类型的表面活性剂中，离子型表面活性剂与皮肤的相互作用较强，但在连续应用后会引起红肿、干燥或粗糙化。应用较多的是月桂醇硫酸钠（SLS），它促进水、氯霉素、萘普生和纳洛酮等的经皮渗透。非离子型表面活性剂主要增加角质层类脂流动性，对皮肤的刺激性比离子型表面活性剂小，但对皮肤渗透性的影响也较小。常用吐温类，如吐温-80 能增加氯霉素、氢化可的松和利多卡因的透皮速率。聚氧乙烯脂肪醇醚和聚氧乙烯脂肪酸酯能促进纳洛酮、灰黄霉素、醋酸双氟拉松、氟灭酸的经皮吸收。

2. 二甲基亚砜（DMSO）及其类似物

DMSO 是应用较早的一种促进剂，有较强的促渗透作用。其作用机理是与角质层脂质相互作用和对药物的增溶。但 DMSO 对皮肤有刺激性和恶臭，长时间及大量使用甚至引起肝损坏和神经毒性等，美国 FDA 禁用，仅供研究。一种新的促进剂癸基甲基亚砜（DCMS）获 FDA 批准，DCMS 在低浓度即有促渗活性，对极性药物的渗透促进效果大于非极性药物。DCMS 不分配进入皮肤脂质，故其作用受载体性质影响很大。

3. 月桂氮䓬酮

月桂氮䓬酮也称氮酮，国外商品名为 Azone，系国内批准应用的一种促进剂。为无色澄明液体，不溶于水，与多数有机溶剂混溶，与药物水溶液混合振摇可形成乳浊液，在霜剂或洗剂中有增加润滑性的作用。凡士林会降低其渗透促进作用。Azone 对亲水性药物的渗透促进作用强于对亲脂性药物。Azone 与其他促进剂合用效果更佳，如与丙二醇、油酸等都可混合使用。

4. 醇类化合物

醇类化合物包括各种短链醇、脂肪醇及多元醇等。结构中含 2~5 个碳原子的低级醇类在经皮给药制剂中用作溶剂。它们既可增加药物的溶解度，又常能促进药物的经皮吸收，如乙醇、丁醇等。但短链醇只对极性类脂有较强的作用，而对中性类脂作用较弱。丙二醇（PG）、甘油及聚乙二醇等多元醇也常作为渗透促进剂，但一般与其他促进剂合用，在增加药物及促进剂溶解度的同时还发挥协同作用，例如 PG 与 2% Azone 及 PG 与 15% DCMS 能显著改善甘露醇的经皮吸收，但高浓度的 PG 水溶液可能对皮肤产生刺激和损害。甘油及聚乙二醇与其他促进剂的协同作用较丙二醇弱。

5. 尿素

尿素能增加角质层的水化作用，与皮肤长期接触后可引起角质溶解，制剂中用作渗透促进剂的尿素一般浓度较低。临床用的制剂中，如一些激素类霜剂，一般的浓度为 10%。

6. 挥发油

挥发油具有较强的渗透促进能力和刺激皮下毛细血管血液循环的作用。研究发现，薄荷醇能增大吲哚美辛、可的松的经皮渗透系数。桉油精对 5-FU 的促进效果可与 Azone 相当，皮肤刺激性却明显小于 Azone，且与丙二醇合用时也有明显的协同作用。

7. 氨基酸以及一些水溶性蛋白质

氨基酸以及一些水溶性蛋白质能增加药物的经皮渗透，其作用机理可能是增加皮肤角质层脂质的流动性。

第三节 经皮吸收制剂的质量评价

经皮吸收制剂（TDDS）的质量评价可分为体外和体内评价。体外评价包括含量测定、体外释放度检查、体外经皮透过性的测定和黏着性能的检查。体内评价主要是指生物利用度的测定和体内外相关性的研究。

一、释放度

释放速率是 TDDS 重要的质量指标。TDDS 设计要求 TDDS 释放速率应小于药物透皮速率。释放度测定方法在各国药典均有规定，这些方法确定的基础主要是固体缓释及控释制剂。

二、黏性

黏性是 TDDS 制剂的重要性质之一。TDDS 制剂必须具有足够的黏性，才能牢固地粘贴于皮肤表面上并释放药物。通常黏性胶带在使用过程中要测定下列三种力：黏附力、快粘力和内聚粘力。黏性可参考各国药典对胶布的要求，并根据 TDDS 的应用提出特殊要求。

三、经皮吸收制剂生物利用度的测定

经皮给药制剂的生物利用度的测定有血药法、尿药法和血药加尿药法。常用方法是对受试者的生物样品，如血样或尿样进行分析。经皮给药系统生物利用度测定的关键是体液中药物浓度的测定，由于药物经皮吸收的量小，血药浓度往往低于一些分析方法的检测限度，因此有时用 ^{14}C 或 ^{3}H 标记的化合物来测定。如果分析方法具有足够的灵敏度，可以用适宜的方法，如 HPLC、高效液相串联质谱仪法，直接测定血浆或尿中的原形药物的量，求出 AUC 计算生物利用度。

第四节　贴剂

一、概述

贴剂指药材提取物或化学药物与适宜的高分子材料制成的一种薄膜状贴膏剂，属于透皮制剂的一种。贴剂可用于完整皮肤表面，也可用于有疾患或不完整的皮肤表面。其中用于完整皮肤表面，能将药物透过皮肤进入血液循环系统的贴剂称为透皮贴剂。透皮贴剂透过扩散而起作用，药物从贮库经扩散直接进入皮肤和血液循环，若有控释膜层和粘贴层则通过上述两层进入皮肤和血液循环。透皮贴剂的作用时间由其药物含量及释药速率所定。

贴剂由背衬层、有（或无）控释膜的药物贮库、粘贴层及临用前需除去的保护层组成。透皮贴剂的背衬层，活性成分不能透过，通常水也不能透过。透皮贴剂的贮库可以是骨架型或控释膜型。保护层起防粘和保护制剂的作用，通常为防粘纸、塑料或金属材料，当除去时，应不会引起贮库及粘贴层等的剥离。

二、基质

贴剂常用压敏胶基质，是经皮吸收系统中的关键材料。压敏胶基质是指在轻微压力下即实现粘贴，同时又容易剥离的一类胶粘材料，可保证释药面与皮肤紧密接触、药物贮库和控释作用。高分子材料的分子量及分子量分布、结晶与结晶度、交联度、玻璃化转变温度对药物的透皮吸收有重要影响。一般根据药物在压敏胶基质中的溶解度、分散系数和渗透系数来选择各种压敏胶。常用的压敏胶材质可选硅橡胶压敏胶基质、聚异丁烯类压敏胶基质、丙烯酸酯类压敏胶基质、硅酮压敏胶。

三、促进药物渗透的方法 [22]

（一）促渗剂

促渗剂是指能够可逆地降低皮肤的屏障性能，本身无毒无刺激，不损害皮肤其他功能的一类物质。理想的渗透促进剂应具有以下特性：①具有化学惰性、化学稳定性，无药理活性；②可逆地改变皮肤特性，起效快；③与药物和基质无配伍禁忌；④无毒，无刺激性，无过敏性，无变态反应；⑤无色，无味，无嗅，价廉；⑥在皮肤上易于铺展，无不适感，与皮肤有良好的相容性。常用的促进剂有氮酮，萜（烯）类、亚砜类、脂肪酸及其酯（如油酸）、表面活性剂（如普朗尼克、十二烷基硫酸钠、吐温-80）等。醇类（正辛醇）、多元醇类（如丙二醇）、环糊精。目前认为，化学促渗剂的促渗作用，主要是通过干扰角质层脂质双层结构产生的，即作用在细胞间脂质的极性部分或非极性部分，影响改变角质层的正常结构，增加质脂的流动性，从而提高药物的分配系数，增加渗透量。

（二）离子导入

离子导入是透皮给药最常用的给药方法，该法特别适合于肽和蛋白质的透皮给药。离子导入法是在外加电场作用下，离子型药物通过皮肤生物膜转运的一种经皮给药物理促进法。阳离子和阴离子药物分别在阳极和阴极处透过皮肤，中性药物在电渗透作用下透过皮肤。它能解决被动扩散机制下难以透过皮肤的一些药物的经皮给药问题，如水溶性药物、离子型药物、肽类及蛋白质大分子药物等，并具有较被动扩散促渗能力强、可控释及可与生物传感器配合使用等优点。如美国 Vyteris 公司和 Ferring 制药公司所研究的贴剂，利用电离子透入技术输送肽，达到治疗妇女不孕的血浆浓度。

（三）电穿孔法

电穿孔法又称电致孔，此法是采用瞬时电脉冲在脂质双分子层膜形成暂时、可逆的亲水性孔道，从而增加细胞及组织膜的渗透性，以利于经皮给药的一种新方法该法实现了一些生物大分子药物的透皮，并且保持了生物活性。采用电致孔法促进经皮吸收的主要药物有：促黄体生成释放激素 (LHRH)、芬太尼、肝素、白喉类毒素等，证实了大分子药物电致孔经皮给药的可行性。电致孔合并应用离子导入或超声波或促渗剂等，将成为生物工程药物经皮给药的主要形式之一。

（四）超声导入法

超声导入法是在超声波的作用下，通过空化效应、对流转运、机械作用和热效应等机制将药物分子透过皮肤或进入软组织的方法。影响超声导入的因素主要是超声波本身，包括其频率、强度、占 / 空比、照射时间等。特点是短时内即可促进药物渗透入皮肤组织，对水溶性药物促渗作用特别明显但对脂溶性药物则几乎无促渗作用。低频超声波促渗效果优于高频波，且不会引起皮肤屏障破坏。

（五）微针透皮释药技术

微针透皮释药技术是一种可靶向皮肤特定层的微观注射释药方法，是结合皮下注射器与透皮贴片优点的新颖双释药方法。体外实验结果表明，微针对较宽范围的化合物均有经皮渗透促进作用。例如钙黄绿素是水性小分子，被动扩散时，未见可检测的皮肤穿透；将微针插入皮肤后，钙黄绿素皮肤穿透速率增加两个数量级。微针具有一定的应用前景的根本还在于在药物传递过程中不会带来疼痛。因为目前的实验微针只在角质层上刺入皮肤，没有进入神经丰富的表皮和真皮。但微针制剂走入市场还需进一步解决以下问题：如何确保包有药物层的微针在插入皮肤时不会被蹭掉，如何保证空心微针不会被堵塞，如何加强微针阵列的可重复利用性等。

（六）激光促进的经皮给药

激光促进的经皮给药主要分为两种：①光机械波将激光脉冲打到靶物质，能量转成机械波，再传递至药物溶液并冲击到皮肤上，促进药物尤其大分子药物的透皮吸收作用。②激光烧蚀法利用激光能流对皮肤角质层进行烧蚀，使角质层的形态结构和排列发生变化，从而促进药物的经皮穿透。由于该方法可以精确地控制角质层的剥蚀，并且对角质层的剥蚀是可以恢复的，所以也是一种较好的促进药物透皮吸收的方法。

四、贴剂的制备工艺

贴剂的物理性状，除受原料、基质配方配比的影响以外，制备工艺也是其重要影响因素之一。由于贴剂制备过程中，基质的搅拌时间、炼合温度和基质添加的顺序对所制得的贴剂样品的黏度、外观、均匀性、膜残留性、剥离强度等均有较大的影响，所以贴剂制备前需进行正交实验，以感观分析、剥离强度、释放度等为衡量指标，进行最佳工艺条件的优选。

贴剂的制备一般分为两个步骤：基质的制备和含药骨架贴片的制备。优选处方后，按处方量和先后顺序加入主药和辅料，以一定的搅拌速下度和温度使其充分溶解，混合均匀。反应结束取出，超声脱泡，在一定的温度用模具铺成薄片，膜厚由胶浆加入量控制。干燥，控制温度和时间使其在烘箱中干燥至表面固化有弹性，取出冷至室温，脱模，叠合保护膜，切割，即制得具有一定大小和含药量的贴剂。

如格列美脲凝胶骨架控释贴剂的制备过程为：按处方量，称取改性 PVA 凝胶基质和乳糖，60℃水浴加热搅拌溶解。控温，依次加入格列美脲乙醇溶液、PVP 乙醇水溶液、复合透皮吸收促进剂和增塑剂甘油，混合均匀。保温下超声乳化脱泡 0.5h，趁热用模具铺成约 10cm 的圆形薄片。晾干过夜，置 50℃烘箱中干燥 2.5h 至表面固化有弹性，室温放置，脱膜，切割成型。或将混合处理好的含药凝胶基质涂布在经过疏水化处理的无纺布上，经干燥、固化后表面覆盖上背衬层，切割，即得贴剂。

五、贴剂的质量检测分析方法

贴剂的质量检测分析方法分为物理特性检测和贴剂中药物含量检测。

（一）物理特性检测

1. 外观质量

观察贴剂涂布是否均匀，有无颗粒，有无斑点，膏面是否细腻，有无光泽。

2. 赋型性试验

将 3 批贴剂供试品分别置于 37℃，相对湿度 64% 的恒温恒湿箱中，30min 后取出，将其固定在 60° 的钢板斜面上。放置 24h 后，膏面无流淌现象，则赋型性良好。

3. 初黏力测试

采用滚球斜坡停止法测定贴剂初黏力。先将贴剂除去外包装材料，互不重叠地在室温放置两小时以上。然后将大小适宜的系列钢球分别滚过平放在倾斜板上的黏性面，根据供试品的黏性面能够粘住的最大球号钢球，评价其初黏性的大小。

4. 稳定性试验

将贴剂样品分别用铝箔小袋密封包装，置于40℃、相对湿度75%的恒温恒湿的条件下，分别于1、2、3月取样观察，测定黏性，并与0个月时比较观察贴剂的外观、黏性有无明显变化。

体外释放度测定：取面积为1：2贴剂6片，揭去防粘层，固定于不锈钢筛网两层碟片中央，释放面朝上。将筛网置溶出杯底部，贴剂与桨底旋转面平行，搅拌桨在贴剂上方25±2mm处，开始搅拌并定时取样。将单位面积累积释药量 (F) 对 ($t_{1/2}$) 按 Higuchi 方程拟合：$F=Kt_{1/2}+b$，计算药物释放速率 (K)。

皮肤刺激性试验：可将样品贴于10名健康志愿受试者的左手手腕内侧，连续使用3h，观察皮肤，是否有发痒、发红、水泡、红肿、丘疹等刺激性反应。

（二）药物含量的检测

近几年来，对贴剂的药物含量的检测方法主要有薄层色谱法和高效液相色谱法。高效液相色谱法灵敏度高，重现性好、干扰少、定量精密；薄层色谱法操作简单，方便。

近年来经皮给药制剂发展迅速，贴剂的研究也取得了较大的突破。贴剂以其独特的优势，越来越受到医药行业的重视。贴剂代替传统的注射方法，可广泛地节约医疗资源：不需要专业培训的医护人员注射，减少一次性注射用品丢弃对环境造成的污染和浪费，避免针头共用造成的疾病传染等。总之，贴剂提高患者顺应性，且给药方便，具有良好的社会效益和经济效益。

第五节　微针

Gerstel 和 Place 在 1976 年首先提出了微针经皮给药的概念。但是直到20世纪90年代，随着微加工技术的发展，低成本大批量的微针生产才成为现实。最早的微针贴片1997 年上市，但至今只有近20余种分子被监管部门批准用于透皮给药并进入市场。微针具有无痛穿透力，能使水溶性药物及大分子药物穿透角质层，治疗效果好，相对安全，传递药物几乎无损等优点，是经皮给药系统的重要剂型。

一、概述

微针辅助药物经皮给药系统（micro-needle assisted transdermal drug delivery system，MN-assisted TDDS）是指利用微针对皮肤进行预处理，微针穿透角质层形成微孔通道，然后给予经皮给药制剂，使药物通过微孔通道渗透进入皮肤的给药方式。

与单独使用透皮制剂相比，微针辅助经皮给药可以明显提高药物经皮吸收的速率，并且能促进蛋白质、多肽等大分子物质以及水溶性药物的透皮吸收，因此在经皮给药系统研究领域有良好应用前景。

微针作用机制是在角质层细胞间打开了供各种类型药物通过的皮肤孔道，从而能显著增强药物的经皮渗透性，尤其是水溶性及大分子药物的透皮吸收，属于物理促渗。微针由于其大剂量、有效的方式，不仅能传递不同类型的药物分子，还能避免口服给药时药物由于胃肠道首过代谢以及 pH、食物等微环境的改变而导致的降解。由于微针只能穿透充满活力的角质层，或者通过控制只穿透皮肤的真皮层，不能到达神经末梢和血管，所以患者在这个过程中不会感到疼痛，依从性好。[23]

理论上微针的长度只需要 15~20μm 就可以刺穿人的皮肤角质层，但是由于皮肤具有良好的弹性及可伸缩性，而且不同年龄的人以及不同的皮肤部位的皮肤角质层厚度差异比较大，为了保证微针可以有效地刺穿不同类型的皮肤，实现有效的经皮给药，微针的长度一般大于 20μm 且小于 1mm。

根据中心是否有微型通道将微针分为实心微针和空心微针。微针的材料由最初的金属微针逐渐发展为由可溶性材料制作的可溶解微针。实心微针按给药方式不同又可分为可溶性载药微针、不可溶性药物涂层微针、组织预处理微针等。[24]

图 9-5 显示了 4 种微针，分别为：①微针辅助经皮给药系统：微针不载药，仅作辅助致孔。除去微针后再施以药物，药物通过孔道进入真皮层。②药物包裹微针给药系统：药物在微针外层，刺入皮肤后除去微针，药物残留在角质层并通过孔道进入真皮层。③可生物降解载药微针给药系统：药物与高分子材料形成的针体可自行在体内溶解。④中空微针给药系统：相当于微注射，微针刺入时，药物通过空腔注入真皮层。[25]

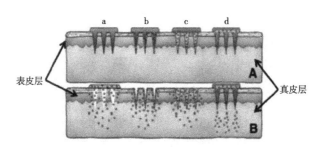

A: 不同类型微针作用于皮肤, B: 药物释放过程
a——微针辅助经皮给药系统; b——药物包裹微针给药系统;
c——可生物降解载药微针给药系统; d——中空微针给药系统

图9-5　4种微针给药系统

微针刺入皮肤的力度必须足够微小以满足无痛和微创这一根本要求, 因此微针必须具备足够的机械性能和良好的成型性, 以确保微针在整个使用过程中不发生断裂或屈曲。机械性能和成型性与微针的制备材料、微针的几何形状以及微针针体的长度有关。微针制备的基质还必须具有良好的生物相容性, 即微针必须有良好的体内溶解性能。这与微针的制备材料有关。虽然聚合物微针机械性能较差, 且制备过程中有溶剂残留, 但由于其易大量制备, 生物相容性好而被广泛制备。

由于微针载药量小, 所以目前研究者一般将微针用于运载强效但小剂量给药的药物, 如小分子水溶性药物及生物大分子的透皮吸收, 或与其他透皮物质联合使用以增强其疗效。目前微针多用于疫苗、基因防治领域以及增强药物抗骨关节炎、抗肿瘤作用, 或用于改善皮肤色素沉着、伤口修复、疤痕和烧伤重塑等疾病的治疗。

有研究者将微针与其他剂型或技术结合来改善微针的缺点。如微针与脂质体结合, 可以在突破皮肤屏障的同时, 以载体材料的包裹延长药物的释放, 提高药物稳定性并减少药物的毒副作用。此外, 微针与电致孔技术、离子导入技术等技术的结合可以改善载药量小、药效低的缺点。

目前设计制成微针剂型的药物均是量小但高效的药物, 如胰岛素、疫苗、利多卡因、盐酸青藤碱等。而对于给药剂量比较大才能发挥疗效或复方药物而言, 目前还不能将其设计为微针。希望随着科技的发展, 能够解决微针载药量低的问题。

二、可溶性微针 [26]

可溶性微针 (dissolving microneedle, DMN) 作为微针中的一大类型, 是将药物与可降解的高分子材料混合, 使用溶剂溶解、熔融等方法将载有药物的高分子材料流体化注入微针模具中，待冷却、干燥等一系列操作制备而成。

（一）DMN 透皮机理

当可溶性微针作用于皮肤后，针体会穿透皮肤表面的角质层，穿刺的过程中会形成小孔道，这些孔道的存在为大分子物质及水溶性物质进入皮肤提供了可能，随后药物进入孔道抵达真皮，随着血液循环到达病变部位治疗疾病。值得一提的是，DMN 穿刺皮肤的过程不同于别类微针，主要因为药物与高分子材料形成的针体可自行在体内溶解。这不仅提高了药物吸收的精准率且当针体完全降解结束后孔道不久就会恢复，不破坏皮肤的屏障功能。

（二）DMN 的特点

DMN 可穿透皮肤角质层实现精准递药，大大帮助了大分子药物及水溶性药物的透皮，且其由可降解的高分子材料制备而成，可有效避免针尖在皮肤内断裂的潜在风险，防止药物泄漏。此外针体微小，可避免与神经末梢接触而使疼痛达到最小乃至无痛。然而，现阶段的可溶性微针多为针尖载药，载药量低，制备过程中残留的有机溶剂还可能会导致患者给药部位的不适，此外，还存在物理稳定性差以及制备出的针体机械强度不足以穿透皮肤等一系列亟须解决的问题。

（三）DMN 的材料选择

目前常用的高分子材料主要以糖类和合成类高分子为主。糖类主要包括麦芽糖、透明质酸（HA）、海藻酸钠、硫酸软骨素、白及多糖等。合成类高分子材料主要包括聚乳酸、聚乙烯醇、聚乙二醇、羧甲基纤维素、聚乙烯基吡咯烷酮（PVP）等。当下 DMN 的制备多采用浇铸法，这就要求载于其中的高分子材料水溶液流动性好。此外，为使制备出的 DMN 针尖具有理想的机械强度同时背衬柔软敷贴，高分子材料需要具有很好的可塑性及硬度。为达到这一要求，往往将两种高分子材料复合使用以制备最优 DMN。

三、中空微针

中空微针（hollowmicroneedles，HMNs）是指一组尺寸与固态微针相似、在针的轴线上有同传统注射功能相似小孔的一类微针，相当于微注射。在各种微针类型中，HMNs 的一次性输药量最大，给药量最精确，速度也可调节，其强度足以刺入皮肤，允许流体通过，应用时微针空腔的流体可在外压下达到几乎与皮下注射相当的流速。有研究发现

HMNs 空腔内药液的流出与刺入速度及针体的密度有关。微针插入–撤回过程的液体流动机制研究结果还表明，药液流入体内的速度可通过微针刺入皮肤后撤回的长度决定。但由于微针针孔极小，易被皮肤组织堵塞，且 HMNs 的针体力学强度小，易断裂滞留皮内。且 HMNs 制造工艺精密，针壁角若设计不当，会导致注射时药物溢出皮外，因此 HMNs 的应用不广泛。

四、水凝胶微针

水凝胶微针（hydrogelmicroneedles）由溶胀材料和药物储集层组成。水凝胶微针阵列中的溶胀材料和药物储集层可通过肿胀的微投射吸收间隙液来解除药物的溶解，这一点与 DMNs 不同，因此将其单独分为一类。水凝胶微针有两种载药方式：一种是微针基底部承载药物，针体刺入皮肤后水凝胶吸收细胞间液膨胀，形成凝胶通道，基底部的药物通过凝胶通道渗入人体，渗入速度由水凝胶的交联密度决定；另一种是水凝胶微针基底部及针体均由药物与聚合物混合制备，刺入皮肤后体液渗入，针体溶胀，药物释出。水凝胶微针制备时其材料不存在降解物残留问题，因此可大量生产。

五、包衣微针

包衣微针（solidmicroneedles，SMNs）是指将药物包裹于针体表面的一种微针。SMNs 有两个主要功能：刺穿皮肤和将所需的药物应用于微针表面。但由于针体与药物表面张力的作用，微针的载药量很小，最大药物剂量小于 1mg；虽然 SMNs 具有载药量小的缺点，但其保质期长。此外，包裹药物后会影响针体锐度，可能导致针体不能顺利刺入皮肤，这就是限制 SMNs 发展的原因。有研究表明可以通过增加药液黏度改变药物在针体表面的厚度。用润湿剂、表面活性剂预处理微针针体表面，降低药液与针体的表面张力等方法可增加 SMNs 的载药量，并尽量不影响针体锐度。

◎ 微针应用实例

第十章 植入剂

第一节 植入剂概述

早在19世纪，就有人将药物制成小丸植入皮下达到长期、连续给药的目的。20世纪30年代，Deanesly和Parkes首先提出了可植入给药制剂的概念。直至1975年，第一个用于避孕的皮下植入剂才研制成功。植入型给药系统是缓控释给药系统的重要分支之一，适用于长期给药和靶向给药，具有载药量高、体积较小、作用时间长、副作用小、生物利用度高等特点，同时还可以大大提高长期慢性病患者的依从性，因此愈来愈被行业所重视。随着品种类型、给药途径及生产技术不断发展，植入型给药系统目前已被应用于生殖健康、肿瘤治疗、疼痛治疗、眼部治疗等众多领域。

一、植入剂的定义

植入剂系将不溶性药物熔融后倒入模型中成形，或将药物密封于硅橡胶等高分子材料小管中制成的固体灭菌制剂。通过外科手术埋植于皮下，药效可长达数月甚至数年，如孕激素的避孕植入剂。植入剂主要用于避孕、治疗关节炎、抗肿瘤、胰岛素、麻醉药拮抗剂等。

二、植入剂特点

植入剂的优点包括以下几个方面：①用皮下植入方式给药的植入剂，药物很容易到达体循环，避免了首过效应，生物利用度高；②给药剂量比较小、释药速率慢而均匀，成为吸收的限速过程，故血药水平比较平稳且持续时间可长达数月甚至数年；③皮下组织较疏松，富含脂肪，神经分布较少，对外来异物的反应性较低，植入药物后的刺激、疼痛较小；④一旦取出植入物，机体可以恢复，这种给药的可逆性对计划生育非常有用。

其不足之处是植入时需在局部（多为前臂内侧）作一小的切口，用特殊的注射器将植入剂推入，如果用非生物降解型材料，在终了时还需手术取出。

三、聚合物材料

植入制剂所采用的材料，因其遗留在体内而规定更加严格，且需要对聚合物的物理性质如机械动力学、降解动力学、材料及其降解产物的安全性和刺激性等有精准的认识和掌控。目前最常用的材料为人工合成的聚酯如聚乳酸（PLA）、聚乙醇酸（PGA）、聚乳酸-乙醇酸共聚物（PLGA）、聚己内酯（PCL）等。这些聚合物易于合成且具有良好的生物相容性、生物降解性及机械强度，如今被广泛使用。聚合物的降解速率取决于其亲水性、玻璃化转变温度、相对分子质量及分布、温度和 pH 等环境条件，降解时间 1~6 个月及以上不等，因此可以通过调节聚合物的性质如种类、相对分子质量、结晶性及制剂表面性质和形态等调节降解速率，实现特定的释药动力学要求。

四、植入剂类型 [27]

（一）皮下埋植型植入剂

1. 非生物降解型

非生物降解型植入剂是早期研究及应用的植入体系之一，由在体内不可生物降解的载体材料通过一定制备方法制成，常用材料为硅橡胶、聚氨酯、聚丙烯酸酯、聚乙烯酸乙烯酯共聚物等。通常分为贮库型和骨架型。在贮库型植入剂中，药物贮库核心被非生物降解的惰性聚合膜包裹，药物的渗透性及膜的厚度决定了药物的释放速率，常可以达到恒定释放速率（即零级释放）。骨架型植入剂则将药物均匀分散或溶解在非生物降解的控释骨架材料中，通过扩散作用释放到周围环境，通常符合 Higuchi 释放模型，药物的释放速度受浓度梯度、扩散距离、基质溶胀程度的影响，并与包裹的药量成正比。

临床上最为熟知、用于长效避孕的埋植皮下左炔诺酮植入剂 Norplant®，系将左炔诺酮微晶密封装入医用硅橡胶管内，药物与硅橡胶的比例为 50∶50，外面包上硅橡胶薄膜。经环氧乙烷灭菌制得。该产品包含 6 个硅橡胶小胶囊，各包裹 36mg 左炔诺孕酮，总药量 216mg。将其植入妇女的左上臂或前臂内侧，避孕周期长达 5 年，自 1990 年被美国 FDA 批准上市后现为多个国家所广泛使用。Mirena® 是一款小型聚乙烯"T"形避孕环，植入女性子宫内后可在 5 年内持续释放左炔诺孕酮，避孕有效率达 99% 以上，并可因患者需要随时将其取出，方便中止。目前，经美国 FDA 批准上市的非生物降解型植入产品已经有 Vantas®、Retisert®、Nexplanon®、Supprelin LA®、Iluvien®、Probuphine®、NuvaRing® 等。同时，关于植入剂给药设备的开发层出不穷，Merck Sharp & Dohme B.V. 公司开发了一种棒状植入剂给药器，将药物从导管推出，无须施加侧面力。该给药器于 2017 年被收录进美国 FDA 橙皮书 Implanon® 项下。然而，非生物降解型植入给药系统在释药周期结束后，需通过手术进行收集并将其取出，这一过程亦常常造成患者身体的不适和二次伤害。

2. 可生物降解型

随着高分子材料的研发应用，与机体相容、可生物降解型的植入剂逐渐面世。所用载体材料在体内可自发降解为单体小分子。降解机制包括水解、酶解、氧化、物理降解等过程。pH 和温度等外部环境因素亦有影响。要求降解产物无毒且易通过生理途径代谢和排出，因此释药结束后不需要再通过手术将其取出，大大提高了患者的依从性。这类材料一部分替代非生物降解材料用于避孕药、抗肿瘤药植入剂的生产，如植入片 Gliadel Wafers® 于 2000 年开始用于术后脑瘤的化疗，亦可将其他不能透过血脑屏障的抗肿瘤药（如卡铂、环磷酰胺）直接植入颅内进行治疗。此外上市产品还包括 Zoladex®、Ozurdex®、Sinuva® 等。

与非生物降解型植入剂类似，可生物降解型植入剂同样分为贮库型和骨架型，但释药机制有所不同，可生物降解型植入剂后期主要通过聚合物的降解使药物释放。贮库系统的药物通过聚合物降解及药物溶解后透过聚合物膜扩散。该膜的降解速度比预期的药物透膜扩散速度慢，因此当药物完全释放时，膜保持完整，最终膜在体内降解并被消除。骨架系统通过扩散作用、聚合物溶胀或溶蚀来控制骨架材料中的药物释放，释放速率主要取决于药物在聚合物中的溶解度、渗透性、载药量和聚合物在体内的降解速率。

（二）注射型在体植入剂

注射型在体植入剂是指以液体形式注射于人体，在生理条件下转变为固体或半固体药物贮库的植入剂形式。与传统的预成型植入剂相比，该剂型具有生产相对简便、对机体损伤小、患者依从性好等优点，可用于全身性及局部药物递送、组织工程、三维细胞培养、整形外科等。但往往需要使用有机溶剂，如 N-甲基吡咯烷酮（NMP）、环己烷、丙酮等，可选择的范围较小；另外，控制其在体内的成形对控制释药速率十分重要。根据体内成形的机制，可大致分为在体交联体系、在体固化有机凝胶、PH 诱导的凝胶系统等类型。

1. 在体交联体系

在体交联体系是把聚合物在体内相互交联而形成固态体系或凝胶。根据交联的原理，主要可分为光致交联、与交联剂发生的化学交联及特定单体的物理交联。该体系对体内反应条件要求严格，且化学交联反应发生时通常会释放出一定的热量，对机体组织造成损伤，物理交联体系则对聚合物自身的构象具有较高的要求。Ono 等通过紫外线照射制备了同时引入叠氮化物和乳糖的光致交联壳聚糖（Az-CH-LA）凝胶作为软组织的生物黏合剂，在体内可维持 1 个月；凝胶内含紫杉醇并可在 21d 内保持生物活性，但是由于凝胶的生物降解作用，在最初的 24h 内发生了突释，之后则缓慢释放。

2. 在体固化有机凝胶

有机凝胶由不溶于水的两性脂质分子组成，可在水中膨胀形成各种液晶相，其性质由脂质的结构特性、温度、药物性质及体系含水量决定。有机凝胶制备工艺相对复杂且影响因素较多，限制了该体系的深入研究。最早使用的在体固化有机凝胶材料是可生物降解型脂肪酸甘油酯，如单油酸甘油酯、单亚油酸甘油酯、单棕榈酸甘油酯，室温下为蜡质，但组分复杂不易控制且稳定性较低。目前研究较多的是 L-丙氨酸衍生物体系。Plourde 等将 N-硬脂酰基-L-丙氨酸（甲）乙酯溶于红花油/NMP 混合溶剂中得到含醋酸亮丙瑞林的 W/O 型乳剂，注入体内后，NMP 向外部含水环境扩散从而固化形成凝胶。大鼠体内实验结果表明，醋酸亮丙瑞林可缓释 14~25d，并可使血浆睾酮水平在 50d 内维持较低水平。

3. pH 诱导的凝胶系统

该体系所用聚合物分子中含有大量可解离基团，当以液态注入给药部位后，由于 pH 环境的改变，电荷间相互排斥导致分子链的伸展与相互缠结，从而发生溶胶-凝胶的相转变。壳聚糖、卡波姆（Carbopol®）、丙烯酸聚合物等是最常用的材料。Srividya 等使用 Carbopol® 940 作为胶凝剂，Methocel E50LV 为增黏剂，成功制备了氧氟沙星原位凝胶眼部给药系统。该制剂在配制环境（pH=6）下为液体，注射入眼后 pH 升至 7.4 则发生快速凝胶化转变，形成的凝胶可在 8h 内持续释放药物。

4. 溶剂移除沉淀体系

该体系利用相分离原理，将水不溶性聚合物溶于与水互溶的有机溶剂后注入体内，有机溶剂向周围的体液环境扩散，同时周围的水分子扩散进入聚合物，使其固化从而在注射部位沉淀形成药物贮库。药物主要通过扩散释放，接触含水介质后，聚合物溶液的表面首先固化，阻碍扩散，但内部结构仍较为疏松，且固化过程需要一定时间，因此该体系的主要不足是突释较大；另外，有机溶剂具有一定的毒性。大量研究通过调节聚合物性质，改进制备工艺，如制备在体微球、在体微粒，加入添加剂等方式，以期得到较为理想的药物贮库。目前该体系已有产品经美国 FDA 批准上市，Eligard® 系列为醋酸亮丙瑞林皮下注射用混悬剂，可缓释 1，3，4，6 个月不等，用于姑息治疗晚期前列腺癌；Atridox® 是一种盐酸多西环素凝胶，将其直接注入牙周袋内缓慢释放药物，用于治疗牙周炎。

5. 热致溶胶－凝胶转变体系

将聚合物和药物溶于适宜溶剂中，热致溶胶-凝胶转变体系在低温或室温条件下为溶胶态，且黏度较低，因此可通过无创伤或微创方式注入作用部位。进入体内后温度上升，聚合物的溶解性发生突变而形成凝胶。发生溶胶-凝胶转变的温度通常称为低临界溶解温度。常用的材料为聚氧乙烯-聚氧丙烯嵌段共聚物、聚乙二醇-聚乳酸嵌段共聚物、纤维素类衍生物等。这些聚合物均包含一定比例的亲水嵌段，低温时可形成足量的氢键使聚合物保持溶解状态；随着温度的升高，氢键数目减少至某一临界点，导致体系发生相分离而形成凝胶。不足之处在于该体系往往因过于亲水而造成亲水性药物突释现象严重。

（三）机械泵、智能型可植入系统的发展

1. 植入泵

植入泵是具有微型泵的植入剂，通过将泵或者导管植入到作用部位，依靠自身或外部环境的推动力缓慢注入药物。与非降解型/降解型植入系统相比，释药速率更稳定（一般可达零级释放），并可以根据临床需求更准确地调节给药速率；动力源可长期使用并可通过皮下注射等方式向泵中补充药液，避免了多次注射；但普遍成本较高，部分装置外挂，影响患者依从性。根据释放的动力不同，可分为输注泵、蠕动泵、渗透泵等。

2. 基于微机电技术的可植入系统

随着精密机械制造技术与微机电技术（MEMS）的不断发展，可植入机械泵、电子泵已成为现代医疗体系的重要组分，用于连续实时监控人体的温度、阻抗、心电图和呼吸频率等生理参数。植入传感器大致分为压力传感器、温度传感器、神经信号传感器、化学传感器及生物可吸收电池，所用材料包括金属、半导体、绝缘体、人工合成聚合物等。该给药系统的优点为可长期稳定地储存药物并实现复杂的给药方案如脉冲给药、个体化给药、根据需要输送多种药物等。

3. 应答式给药系统

实现药物的脉冲式释放通常有两种解决方案：第一种是预先对载药装置进行设计如多层骨架系统，使其在预定时间或以预定顺序释药；第二种则通过响应局部环境因素（如磁场、电场、声压、光和热）的变化或反馈体内信息来控制与调节药物的释放，称为应答式给药系统，也称为智能型给药系统。根据调节机制不同，分为开环式给药系统与闭环式给药系统。前者通过外部环境变化刺激药物释放，常耦合生物传感器；后者为自我调节机制，通过反馈体内环境变化如特定分子的浓度释药，最常见的为葡萄糖敏感型给药系统，当检测到体内血糖浓度升高时系统可自动释放胰岛素。但是在临床可用之前，需要研究生物相容性问题及从外部控制递送系统触发药物释放的便利方法。

第二节　植入剂的应用

一、生殖健康

用于生殖健康的植入剂通过埋植在皮下、阴道内、子宫内长期释药，主要用于避孕，是目前公认的最有效的避孕方法之一。目前已上市的用于女性健康的植入剂如表 10-1 所示。

表 10-1　女性健康植入剂实例

商品名	植入方式	材料	药物	用途	类型
Norplant®	皮下	硅橡胶	左炔诺孕酮	避孕	非生物降解型
Nuvaring®	阴道内	PEVA	依托孕烯、乙炔雌二醇	避孕	非生物降解型
Jadelle®	皮下	硅橡胶	左炔诺孕酮	避孕	非生物降解型
Implanon®	皮下	PEVA	依托孕烯	避孕	非生物降解型
Nexplanon®	皮下	聚乙烯-醋酸乙烯酯（PEVA）	依托孕烯	避孕	非生物降解型
string®	阴道内	硅橡胶	雌二醇	更年期综合征	非生物降解型

二、眼部给药

眼睛是人体最敏感的器官之一，故制剂学上对眼用制剂的要求并不亚于注射剂，目前临床应用的剂型以滴眼液为主。环孢素广泛应用于器官移植和自身免疫疾病患者，目前用于治疗眼部疾病的药常以滴眼剂为主，但环孢素相对分子质量大，呈疏水性，在眼内通透性差，且受泪液稀释冲洗等因素影响，难以达到眼内有效治疗浓度。CsA 眼用植入剂除可避免全身用药不良反应外，还具有剂量准确，缓释长效，能有效提高 CsA 生物利用度等特点。可用来治疗需长期用药的多种眼科慢性疾病。CsA 为有效的免疫抑制剂，已应用于抑制角膜移植性排斥反应，抑制新生血管生成，治疗葡萄膜炎、增殖性玻璃体视网膜病变及巨细胞病毒性视网膜炎等眼科疾病。但植入剂仅限于动物实验研究，还没有临床方面的报道。

三、抗肿瘤药物

植入式化疗药物控释剂体积较小，植入后不会引起肿瘤内明显的压力改变，可在较长时间内以一定的速率持续地释放药物，明显提高了化疗的效果，并显著减少了毒副作用。植入剂还拓展了用于脑瘤化疗的药物范围，如卡铂、环磷酰胺等经体外试验证明对胶质瘤有效的药物，因不能透过血脑屏障而应用受到限制，可通过将其包埋入高分子基质中直接植入颅内进行化疗。目前，国内已经研制出化疗药物如顺铂、氟尿嘧啶、MTX、丝裂霉素的植入缓释剂型，在动物研究和部分临床研究均收到了较好效果。

四、胰岛素给药

胰岛素是胰腺分泌的一种蛋白质类激素，具有降血糖的作用，自 1923 年开始应用于治疗糖尿病以来，已有 70 多年的历史。胰岛素一直主要以注射途径给药，给长期用药的患者带来诸多不便和痛苦，且普通胰岛素注射液存在起效慢的缺点，长效胰岛素则由于释药不稳定易产生低血糖症状。用皮下植入给药，药物容易到达体循环，因而生物利用度高；另外，应用控释给药，给药剂量低，控释速率均匀且常比吸收速率慢，故血药浓度比较平稳且维持时间长。

五、血吸虫病

血吸虫病是一种由血吸虫感染引起的严重危害人类健康和社会经济发展的人畜共患寄生虫病。吡喹酮为广谱驱虫药，是目前抗血吸虫的首选药物，也是迄今为止对感染人体的 5 种血吸虫均有效的药物。吡喹酮系杂环吡嗪异喹啉衍生物，该化合物首过效应强，代谢产物基本无活性，口服剂量大，生物利用度低，对血吸虫童虫作用不明显，严重限制了其推广应用。吡喹酮植入剂可以避免首过效应，降低给药剂量。延长治疗时间，减少给药频率。将吡喹酮原药与控释材料硫化硅橡胶、交联剂和催化剂等按一定比例经双辊混炼机混匀、挤压机挤出制得的长 2cm、外径 2mm 的吡喹酮缓释包埋剂。每根含吡喹酮原药 30mg，小鼠植入药棒后 4 周感染尾蚴。感染后 7 周解剖观察，预防保护率为

40.2%，肝虫卵减少率 64.3%。每克粪便虫卵数减少率 70.5%。吡喹酮植入剂在体内可维持较长的存效血药浓度。对疫区的动物血吸虫感染可以起到有效的防治作用。

六、抗成瘾治疗

成瘾性需使用抗成瘾药物进行较长期的治疗，缓释植入给药的应用既可减少给药次数，又可消除患者对是否继续用药的困惑。多年来，美沙酮和纳曲酮被用于治疗阿片成瘾。Yamaguchi 等研究了纳曲酮埋植剂的生物相容性，在该剂型中，纳曲酮可以恒速释放，长达 4 周。

植入剂具有定位给药、用药次数少、给药剂量小、长效恒释作用及可采用立体定位技术等优点，适用于半衰期短、代谢快尤其是不能口服的药物。此剂型药物的治疗指数也相应提高，不仅能提供给患者优良的治疗效果，还能使患者的生活质量得以提高，是一类具有广阔发展前景的给药系统。尽管植入控释给药系统的研究已达一定水平，但在制备工艺、体外释放实验等方面仍需完善，对突释现象发生的机理也需进一步探讨。近年来，随着材料科学的不断发展，设备、制备工艺等的不断更新，植入式给药制剂从简单的被动扩散控制释放，过渡到利用各种外部因素如几何形状、降解性、电磁、超声、电场、pH 等活化的控制释放；甚至从单一依赖上述外部因素发展至结合人体生物因素，如酶反应、葡萄糖结合等自动反馈调节控制释放。此外还发展了体外便携型、体内植入型机械 - 电子输注制剂以及导入制剂，所用超声波频率及功率均为医用理疗范围，所用载体为生物可降解，因此使用更方便，安全性更好。

第十一章　原位凝胶给药系统

第一节　原位凝胶给药系统的概述与特点

一、原位凝胶给药系统概述

药物与凝胶材料可以制成均一、混悬的乳胶稠厚液体或半固体的凝胶剂。原位凝胶（又称在位凝胶），是一类以溶液状态给药后，能在用药部位立即发生相转变，由液态转化形成非化学交联半固体凝胶的制剂。

二、原位凝胶给药系统特点

与传统的给药系统相比，原位凝胶制剂有着如下显著的优点：

1. 对接触环境的改变做出物理的或化学的响应。根据响应值的大小调整制剂的理化性状（如相转变程度等）以及药物在体内的状态（如释放、滞留等），以适应病情的及时有效治疗。

2. 将药物溶解或均匀分散于环境敏感性高分子材料中即可制成凝胶剂，它能较长时间与作用部位发生紧密接触，有较好的生物黏附性，并可提高药物从接触部位的吸收，避开首过效应，提高药物的生物利用度。

3. 具有高度亲水性的三维网状结构，将其中的药物或药物–辅料初级制剂（如乳剂、脂质体、纳米粒等）束缚于其中或其间隙中，可以控制药物的释放，并可以稳定其中的药物或药物–辅料初级制剂。

4. 具有特殊的理化性能，如溶胶–凝胶转变过程，在体外条件下，具有一定的流动性，易灌装，便于工业化生产。

5. 适用于原位凝胶剂的药物范围很广，原位凝胶可用于局部作用药物、全身作用药物、亲水性药物、疏水性药物、酸性药物、阳离子药物、大分子药物、细胞组织等。

6. 具有良好的组织相容性，且使用方便，易被患者接受，可以通过多种给药途径给药。

7.原位凝胶剂作为一种新型的药物剂型，广泛用于缓释、控释及脉冲释放等新型给药系统，原位凝胶可应用于皮肤、眼部、鼻腔、口腔、阴道、直肠等多种途径给药。现今，原位凝胶给药系统已成为药剂学与生物技术领域的一个研究热点。

8.原位成型凝胶作为一种新的给药系统，具有很多传统制剂不具备的优势，在医药领域是一个具有极大发展前景的新型给药形式。但该类制剂本身存在一定的问题，需不断去研究解决。如材料安全性问题、制剂的质量控制问题、制剂的机制问题、给药新型与途径问题等都有待进一步研究。

第二节　原位凝胶给药系统的分类与形成机制

原位凝胶的形成机制是利用高分子材料对外界刺激的响应，使聚合物在生理条件下发生分散状态或构象的可逆变化，完成溶液与凝胶间的互变过程。根据其作用机制可分为温度敏感型、离子敏感型、pH 敏感型和光敏感型等。[28]

一、温度敏感型凝胶

温度敏感型凝胶的形成机制有多种。一般是温度改变后氢键或疏水作用的改变而导致聚合物的物理状态发生改变。近几年，国内学者通过体内外方法对其新材料应用、凝胶基质处方构成与体外评价进行研究，主要包括原位凝胶的形态、粒径、表面电位、载药量、延伸性、体外释放等。其中常用的温敏材料是泊洛沙姆，另加其他保湿剂（如甘油）、增黏剂（CS）、调节剂（液状石蜡）等。

二、离子敏感型凝胶

离子敏感型原位凝胶主要利用多糖类的衍生物形成的高分子溶液，人体的液体环境与其含有的大量的 K^+、Na^+、Ca^{2+} 等阳离子反应后发生构象改变，从而在用药部位形成凝胶。常用的材料有海藻酸钠、去乙酰结冷胶，另外加入调节剂，如增黏剂、防腐剂等。

三、pH 敏感型凝胶

高分子骨架在人体 pH 发生变化时，能从周围环境接收或者释放质子，发生电离作用而发生胶凝反应，缓慢持久地释放药物。常用的材料是醋酸纤维素酞酸酯、丙烯酸类聚合物、壳聚糖及其衍生物等，另加入调节剂。

四、光敏感型凝胶

在光敏感型原位凝胶中，前聚物通过注射进入所需部位，并由光纤维的作用在原位发生胶凝，这种胶凝方式可以使聚合物在体温下更快地发生胶凝。Hubbell 等描述了一种可生物降解的光致交联水凝胶作为药物的控释载体，这种系统可以作为水溶性药物和酶的载体，并控制药物的释放速率，以氩激光作为光源可以加深聚合反应的程度，缩短聚合反应的时间，并可以改进聚合物的物理性质。

五、其他

还有一种原位凝胶的形成是由于溶剂的扩散。这种给药系统是由水不溶性的可生物降解的聚合物构成的。聚合物溶解于可与水混溶且生理相容的溶剂中，一旦注入体内的液体环境中，溶剂就扩散到周围的水中，而水扩散到聚合物基质中，因聚合物是水不溶的，故沉降为固体植入剂。但由于这些非水溶剂如二甲基亚砜、丙酮等的毒性，目前这种机制的原位凝胶应用不多。

第三节　常用的原位凝胶的基质

一、卡波姆

卡波姆（Carbopol）是一种 pH 依赖的聚合物，由于大量羧基基团的存在，可在水中溶解形成低黏度的溶液。在碱性溶液中羧基离子化，负电荷间的排斥作用使分子链膨胀，伸展并相互缠结形成凝胶。形成原位凝胶若单独使用 carbopol 则需要较高的浓度，易对机体产生刺激。制备氧氟沙星的 pH 敏感眼用原位凝胶系统，其中加入 HPMC 可以降低 carbopol 的发生胶凝转变的浓度，并提高凝胶强度。所得制剂 pH 为 6.0，而在 pH7.4 时（泪液 pH）变成凝胶。体外释放实验表明药物可达 8h 缓释。

二、海藻酸盐

海藻酸盐是离子敏感型凝胶的一个典型代表。它是一种天然的聚合物，当与二价阳离子如钙离子接触时立即形成凝胶。人眼中的氯化钙浓度为 0.008%（W/V），足以使藻酸盐胶凝。Cohen 等的一项研究表明，海藻酸钠的水溶液可以在眼中形成凝胶而不用另外添加钙离子或其他离子，聚合物胶凝的程度及药物的释放程度取决于聚合物骨架中古洛糖醛酸（G）残基所占的百分比，当 G 残基的百分含量超过 65% 时，一旦滴入泪液中聚合物立即形成凝胶。但由于在其他组织部位没有足够的钙离子，故需要经过设计另外添加钙离子，如 Sho zo Miy azaki 等用海藻酸钠为基质制备的胆茶碱的液体口服制剂。

三、温度敏感型凝胶基质

温度敏感型凝胶是研究最为广泛的一种敏感型凝胶，其基质包括天然聚合物，修饰的天然聚合物，N-异丙烯酰胺共聚物，聚乙二醇 / 聚乳酸羟基乙酸（PEG/PLGA）嵌段共聚物，聚乙二醇 / 聚氧丙烯（PEG/PPO）嵌段共聚物及其衍生物等。一些纤维素的衍生物呈现反向胶凝性质，即随温度升高而由溶液变成凝胶。纤维素本身为不溶于水的，当引入一些亲水的基团时就有一定的水溶性。当其亲水基团与疏水基团比例合适时便可以在水溶液中发生凝胶转变，随着温度的升高，水对聚合物的溶解能力降低，聚合物之间的相互作用成为主导作用，从而形成凝胶。

几类常用的原位凝胶的基质如表 11-1 所示。

表 11-1　几类常用的原位凝胶的基质

分类	主要材料	评价方法
温度敏感型	泊洛沙姆 407. ranscutal HP 及 Solutol HS 等	形态、粒径、表面电位、载药量、体外释放等
温度敏感型	泊洛沙姆 407. 油酸聚乙二醇甘油酯、聚卡波非、甘油等	外观性状、铺展性、体外释药、胶凝时间与温度等
温度敏感型	泊洛沙姆 407. 泊洛沙姆 188	动态黏度、体外释放、胶凝时间与温度等
温度敏感型	壳聚糖、泊洛沙姆 407 与泊洛沙姆 188	胶凝时间、体外释放特性
温度敏感型	泊洛沙姆 407 与泊洛沙姆 188	转变温度
温度敏感型	Pluronie F127 与 Pluronie F68	胶凝时间、胶凝温度
温度敏感型	泊洛沙姆 407 与泊洛沙姆 188	胶凝温度、胶凝时间、黏度、成胶能力和相变动力学参数
温度敏感型	壳聚糖、泊洛沙姆 407、泊洛沙姆 188	体外无膜释放、鼻黏膜释放
离子敏感型	去乙酰化结冷胶、泊洛沙姆 407	临界相变温度、临界相变阳离子强度、喷雾粒度、黏膜黏附力、体外释放等
离子敏感型	海藻酸钠、羟苯乙酯、氯化钠	性状评价、质量标准
离子敏感型	去乙酰化结冷胶、丙二醇、聚山梨酯-80 等	胶凝性、相变临界阳离子浓度、体外释放等
离子敏感型	结冷胶	流变学特性（黏度）. 眼内滞留时间和局部刺激性
pH 敏感型	泊洛沙姆 407 与卡波姆 940、甘油等	胶凝温度、黏度、质量标准
pH 敏感型	卡波姆、HPMC	体外黏度、释放特性，离体黏膜毒性。体内药效评价
pH 敏感型	卡波姆 940、HPMC K40	黏度、眼内滞留时间、离体角膜透过性与刺激性
包合物温敏型	羟丙基-β-环糊精、泊洛沙姆 407、泊洛沙姆 188	相转变温度、黏度、体外溶蚀与释放

续表

分类	主要材料	评价方法
纳米脂质体型	N-三甲基壳聚糖、泊洛沙姆 407	形态观察、粒径、Zeta 电位测定、眼刺激性试验、眼球表面接触角测定与滞留时间
纳米混悬型	泊洛沙姆 407	体外释放
纳米囊泡型	普朗尼克 F127、普朗尼克 F68	胶凝温度、流变学特性、体外溶蚀与释放
纳米粒温敏型	壳聚糖、泊洛沙姆 P407 与 P188	胶凝温度、体外释放
微乳离子型	冷结胶、海藻酸钠	理化特性粒径、渗透压、黏度、澄清度、pH; 胶凝温度、体外释放

第四节　原位凝胶给药系统体内外评价方法

由于原位凝胶是一种新的给药系统，对其制剂评价和应用效果进行评价，显得有必要而且重要。恰当的评价才能够保证该类给药系统的制剂的安全性和有效性，但评价的实验方法和质量控制方法，并不是很完善，需要进一步的研究。

评价方法包括以下几种：

1. 制剂成型的理化性质和形态评价。主要是关于凝胶成型的形态学性质、流变学性质、热力学特性，以及其他的影响制剂成型理化参数，如外观形态、粒径、表面电位、黏度、铺展性等。

2. 制剂基本质量评价。主要是对该类制剂整体质量监控项，即制剂质量检查项，如凝胶的形态、胶凝温度、胶凝时间、相转变温度、相转变离子强度及制剂载药量。

3. 制剂体外释放的评价。主要是原位凝胶在体外释放药物的特征与机制的考察评价，如释放度试验、溶蚀试验、离体角膜透过试验等。

4. 制剂在体评价。主要包括在体局部评价、在体药效学评价、在体药动学评价。其中局部评价，主要是评价凝胶在局部给药后的释药特性以及影响，如在眼内滞留时间、局部刺激性、眼球表面接触角等；在体的药效学与药动学评价，是利用整体动物模型考察该类制剂的在体的治疗作用和作用特点。另有人利用新的在体荧光技术对原位凝胶的体内滞留进行研究。

5. 利用 DSC 技术对原位凝胶制剂的热力学参数进行研究。

6. 利用电镜显微技术进行研究。

◎　阶段性习题与答案

第十二章　生物技术药物制剂

随着生物技术渗入传统的经典制药工业，医药产品的发展进入了一个新的时期。过去，胰岛素、生长激素、干扰素、白细胞介素等药物主要从人或动物体有关脏器、组织、血液或尿等排泄物中提取，成本高、产量低，而且质量有时难以保证。利用生物技术甚至可以原核细胞和真核细胞作为生物工厂来生产胰岛素、生长激素、干扰素、病毒抗原等大量的外源蛋白。如治疗侏儒症的人生长激素，一名患儿一年所需的用量，需由 50 具新鲜尸体脑下垂体中提取，若采用基因工程，则可以从 1~2L 细菌培养液中提取到同样数量的生长激素，而且产品安全可靠。

第一节　生物技术药物与生物技术药物制剂概述

生物技术药物是指采用 DNA 重组技术、单克隆抗体技术或其他新生物技术研制的基因、核糖核酸、酶、蛋白质、多肽、多糖类药物。

生物技术药物制剂指应用药物制剂手段，将生物技术药物加工而成的、具有一定规格剂型的制剂。目前研究和开发的生物技术药物多为肽类与蛋白质类药物制剂，对 DNA、小干扰 RNA（siRNA）和微小 RNA（microRNA）等基因药物的研究也逐渐为热点。

一、生物技术药物制剂的特点

生物技术药物制剂具有药理活性强，给药剂量小，药物本身毒副作用小的优点。但也存在许多挑战，如分子量大、稳定性差、吸收性差、半衰期短，提取纯化工艺复杂，极易染菌腐败而失活，并产生热原或致敏物质，生产过程要求低温、无菌操作。

二、生物技术药物制剂的给药系统

目前多数生物技术药物制剂的给药途径是注射给药，但在治疗慢性病时，需要长期、甚至终生用药，这就给患者带来很大痛苦和不便。因此研制用药方便、可以自行给药的制剂一直是热点。同时，针对新的注射给药系统的研究也在不断发展。

（一）非注射途径给药系统

非注射给药可以增加患者的顺应性，使用药方便，同时也有利于开拓生物技术药物制剂的新用途与市场。多肽及蛋白质类药物非注射途径给药的方式主要包括鼻腔、口服、直肠、口腔、透皮和肺部给药。其中鼻腔给药发展前途较好，而口服给药则是目前最受欢迎的给药途径。根据药物性质与临床需要也可考虑其他给药系统。

1. 鼻腔给药系统

鼻腔黏膜中动、静脉和毛细淋巴管分布十分丰富，鼻腔呼吸区细胞表面具有大量微小绒毛，鼻腔黏膜的穿透性较高而酶相对较少，对药物的分解作用比胃肠道低，有利于蛋白质类药物的吸收并直接进入体内血液循环。目前已经有一些上市的鼻腔给药系统，主要剂型有滴鼻剂和喷鼻剂，如促黄体激素释放激素（LHRH）激动剂布舍瑞林、去氨加压素、降钙素、催产素等。随着制剂处方的改进，该给药系统的发展前景看好。

鼻腔给药系统当前也存在一些问题，主要体现在分子量大的药物吸收重现性差，局部刺激性，影响鼻纤毛运动，长期用药带来的毒性等。

2. 口服给药系统

多肽、蛋白质类药物口服给药面临的主要问题是胃酸对药物的降解，酶对药物的降解，药物对胃肠道黏膜的穿透性差，肝脏对药物的首过作用。以胰岛素为代表的口服给药系统，一直是研究的重点。因为目前胰岛素主要靠注射给药，给患者带来了痛苦与不便。

胰岛素研制中的几种主要口服剂型有：①微乳制剂。以蛋黄磷脂、甘油单油酸酯、胆固醇、油酸、抗氧剂和防腐剂等为油相；胰岛素、枸橼酸、抑肽酶等溶于乙醇为水相，加入乳化剂聚氧乙烯（40）硬脂酸酯，经高压乳匀机制成 W/O 型微乳，或再将制成的微乳喷于羟丙基纤维素或羧甲基纤维素表面，经干燥装入胶囊中口服，经几十例临床试用效果较好。②纳米囊。1988年Damge等将胰岛素制成聚氰基丙烯酸异丁酯纳米囊，其平均粒径为220nm。动物试验表明效果较好，药效维持时间较长，可防止酶对药物的降解，可穿透肠壁上皮细胞，吸收部位主要在回肠。③胰岛素肠溶软胶囊。采用pH依赖的聚合物（如Eudragit RS与S或EudragitRS与L的丙酮溶液）包衣；可使胰岛素在pH大于7的十二指肠区释放，而不会被胃酸降解。如Oramed的口服胰岛囊ORMD-0801现已通过Ⅱ期临床试验。④脂质体技术：美国diasome公司开发的口腔HDV胰岛素，目前处于Ⅲ期试验。

胰岛素剂型改革中还有一种无针注射制剂，目前已经上市应用。该无针注射系统没有传统的针头，而是通过压力注射的设备，使用高压射流原理，将胰岛素药液形成较细的液体流，瞬间穿透皮肤，直接弥散到皮下组织。无针注射具有射流速度极快（约为150~200 m/s）、弥散面积大、对神经末梢刺激很小、刺痛感不明显的特点，改善了患者的依从性，同时由于药液瞬间弥散到皮下组织，起效迅速，使血红蛋白暴露于高血糖环境的时间缩短，从而大幅降低糖化血红蛋白的形成。无针注射在胰岛素入血速度、餐后1h内的血糖控制上均明显优于传统有针注射，可使用药量减少15%~20%。

3. 直肠给药系统

直肠内水解酶活性比胃及十二指肠等处低，pH接近中性，因而对药物破坏较少，还可避免肝的首过效应，直接进入血液循环，同时也不像口服药物受到胃排空及食物的影响，这是口服制剂难以相比的。加入吸收促进剂可提高直肠吸收药物的效果，常用的吸收促进剂如水杨酸、5-甲氧基水杨酸、去氧胆酸钠等。

4. 口腔黏膜给药系统

口腔黏膜较鼻黏膜厚，但无角质层，由于面颊部血管丰富，药物吸收后可经颈静脉、上腔静脉直接进入全身循环，因而可避免胃肠消化液的影响与肝的首过作用。但与肌内注射相比，口腔黏膜吸收仍很少，如用HPC与卡波姆制成胰岛素的口腔黏膜黏附制剂。动物实验表明，其生物利用度仅为注射剂的0.5%。要提高药物在口腔黏膜的吸收，需要改进药物的膜穿透性和抑制药物的代谢，可加入吸收促进剂。吸收促进剂对黏膜的影响比口服要少。

5. 经皮给药系统

皮肤的穿透性低，是多肽与蛋白类药物透皮吸收的主要障碍，但皮肤的水解酶活性相当小，这为肽与蛋白类药物透皮吸收创造了条件。目前主要研究通过筛选新的吸收促进剂及透皮能力强的药物载体、使用离子导入技术、超声技术、激光技术等来解决这一问题。离子导入技术是指使电荷或中性分子在电场作用下迁移进入皮肤的技术，该项技术的应用使大分子量、荷电、亲水性多肽和蛋白质类药物能透过皮肤角质层。如胰岛素、精氨酸加压素等的透皮吸收的研究均取得了一定的进展。它们的透皮速率依赖 pH、离子强度、处方中电解质的浓度和应用的电压。

6. 肺部给药系统

据报道三种治疗用多肽有亮丙瑞林（9 个氨基酸）、胰岛素（51 个氨基酸）、生长激素（192 个氨基酸）均可从肺部吸收，生物利用度在 10%~25%。胰岛素肺部给药技术：2006 年美国辉瑞公司的 Exubera（人胰岛素粉雾剂）获准上市，这款产品是通过喷雾方式作用于患者肺部。由于使用烦琐，剂量难以控制，患者每半年需检查肺部，与皮下注射相比，市场应用不佳。肺部给药系统存在的问题有长期给药后的安全性评估。肺吸收分子大小的限制、促进吸收的措施、稳定的蛋白质药物的处方设计方法等。

目前，蛋白质类药物非注射途径给药时存在的主要问题是药物穿透黏膜能力差，易受酶和酸的降解，致使其生物利用度很低。为了提高其生物利用度可采取对药物进行化学修饰或制成前体药物；应用吸收促进剂，如为提高药物鼻腔给药的生物利用度，可加入吸收促进剂如胆酸盐类、脂肪酸及其酯类、糖苷类（如皂苷）、醚类等；使用酶抑制剂；皮肤给药采用离子电渗法等。

（二）注射途径新的给药系统

很多蛋白质类药物的体内血浆半衰期短，清除率高，因而需要延长其血浆半衰期；同时有些药物需要制成非零级的脉冲式释药系统。为满足这些要求，可以对蛋白质分子药物进行化学结构修饰，以抑制其药理清除，或通过控制蛋白质进入血流的释放速度，从而达到延长其血浆半衰期的目的。这方面的研究有控释微球制剂与脉冲式给药系统。

1. 控释微球制剂

用生物可降解的材料制成微球给药系统可达到控制蛋白质类药物释放的目的。常见材料有聚乳酸、聚丙交酯-乙交酯和聚乳酸乙醇酸共聚物等。美国 FDA 批准的醋酸亮丙瑞林聚丙交酯-乙交酯微球就是一种蛋白质类药物微球，改变丙交酯与乙交酯的比例或分子量，可得到不同时间生物降解性质的材料。醋酸亮丙瑞林聚丙交酯-乙交酯微球供肌内注射，用于治疗前列腺癌，可控制释药达 30d 之久，改变了普通注射剂需每天注射的不便。

如亮丙瑞林 PLGA 微球的制备：取醋酸亮丙瑞林 500mg，明胶 80mg，水 1ml，混合加热至 60℃为水相，PLA 或 PLGA 400mg 溶于二氯甲烷 5.5ml 为油相，边搅拌边将油相慢慢倒入水相，制成 W/O 型微乳，冷却至 15℃，在 5000r/min 下用喷嘴将微乳加入到 400ml 0.5% 的聚乙烯醇水溶液中搅拌 2min，使成 W/O/W 型复乳，在 30℃下缓慢搅拌 2h 或旋转蒸发除去二氯甲烷，得硬化的圆形控释微球。

2. 脉冲式给药系统

肝炎、破伤风、白喉等疾病所使用疫苗或类毒素均为抗原蛋白，全程免疫至少需要进行三次接种，才能确证免疫效果。由于种种原因，全世界不能完成全程免疫接种而发生的辍种率达 70%。为提高免疫接种的覆盖率，减少一些重大疾病的死亡率，采用脉冲式控释给药系统将多剂量疫苗发展为单剂量控释疫苗。如将破伤风类毒素制成 PLGA 脉冲式控释微球制剂，可根据 PLGA 中乳酸和羟乙酸的不同比例、微球大小不同、分子量不同，一次注射后可在 1~14d、1~2 个月和 9~12 个月内分三次脉冲式释放，从而达到全程免疫的目的。

第二节　蛋白和多肽类药物制剂

生物技术药物多为蛋白质类和多肽类。这些药物的化学结构相当复杂，理化性质很不稳定。要制得稳定、安全、高效的多肽与蛋白质类药物制剂，必须了解其结构特性与理化性质。

一、蛋白质分子的结构特点

（一）蛋白质的组成

组成蛋白质的基本单位是 20 种氨基酸，氨基酸通过脱水缩合形成肽链。蛋白质是一条或多条多肽链盘曲折叠形成的具有一定空间结构的大分子物质，分子量一般在 5×10^3~5×10^6。蛋白质的肽链结构包括氨基酸组成、肽链数目、末端组成、氨基酸排列顺序及二硫键的位置等。

一个氨基酸的羧基可以和另一个氨基酸的氨基缩合失去 1 分子水而生成肽，两个氨基酸缩合后即生成二肽，10 个以上氨基酸组成的肽称多肽。氨基酸的种类如图 12-1 所示。

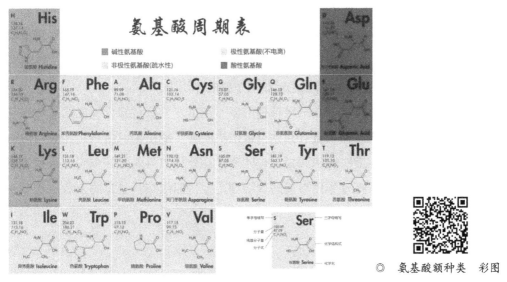

◎　氨基酸额种类　彩图

图 12-1　氨基酸的种类

（二）蛋白质的结构

蛋白质结构分为一级结构和空间结构。一级结构系指蛋白质多肽链中氨基酸残基的排列顺序，维持一级结构稳定的化学键称为酰胺键，也称肽键，是连接蛋白质中氨基酸的最基本的共价键。一级结构是蛋白质的初级结构，包括肽链数目和二硫键位置。

空间结构包括二、三、四级结构，又称高级结构。高级结构和二硫键与蛋白质的生物活性有关。二级结构指蛋白质分子中多肽链骨架的折叠方式，即肽链主链有规律的空间排布，一般有 α-螺旋（α-helix）、β-折叠（β-pleated sheet）、β-转角和无规则卷曲（图 12-2）。

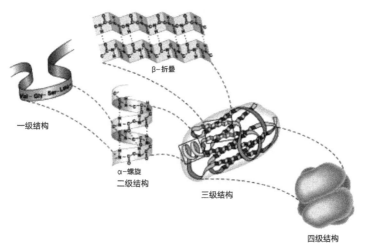

图 12-2　蛋白质的结构

在二级结构的基础上，氨基酸残基 R 侧链基团的相互作用使多肽链进一步折叠、盘曲，形成包括主、侧链在内的整条肽链的空间排布，称蛋白质的三级结构。各 R 基团间相互作用产生的化学键，如疏水键、氢键、盐键、二硫键、范德华力等维持三级结构的稳定。其中，疏水键是维持三级结构稳定的最主要的作用力。

由两个或两个以上的具有独立三级结构的多肽链借非共价键缔合而成的复杂的空间结构称蛋白质的四级结构。每条具有独立三级结构的多肽链是构成蛋白质四级结构的单位，称为亚基或亚单位。蛋白质的四级结构体现了其分子中各亚基的空间排布和亚基间的相互关系，且各亚基间相互作用形成的次级键是维持四级结构稳定的力量，其中疏水键是主要的作用力。

二、蛋白质结构与功能的关系

蛋白质的一级结构是空间结构的基础，因而也是蛋白质功能的最根本的基础。蛋白质一级结构不同，则生物学功能各异，如加压素和催产素都是九肽激素。二者仅存在两个氨基酸残基的差异，但生理功能却截然不同。

蛋白质生物学功能不仅与一级结构有关，与空间结构关系更为密切。空间构象是蛋白质实现其功能的基础。空间构象改变功能也随之发生相应的变化，只有一条多肽链或虽有几条多肽链但多肽链间通过共价键相连的蛋白质必须具备三级结构才有生物学活性，亚基间以非共价键相连的蛋白质必须具备四级结构才有生物学活性。用蛋白质变性剂尿素和二硫键还原剂巯基乙醇处理核糖核酸酶，由于氢键的破坏和二硫键的断裂，致使空间构象破坏，核糖核酸酶的生物学活性丧失，如果用透析法除去尿素和巯基乙醇，并在有氧条件下使—SH 缓慢氧化成二硫键，则该酶又可以恢复原来的构象和生物学活性。

三、蛋白质的理化性质

（一）亲水胶体性

蛋白质水溶液是一种较稳定的亲水胶体。使其稳定的基本因素有两方面：一是蛋白质颗粒表面具水化层；二是蛋白质分子表面具同种电荷。疏水键的形成使蛋白质的疏水基团内包，而亲水基团位于分子表面。亲水基团易与水产生水合作用，使蛋白质颗粒表面形成较厚的水化层，从而相互隔开，不易聚集沉淀。同种蛋白质颗粒在 pH 偏离等电点的溶液中带同性电荷，相互排斥，因而不易聚集沉淀。若蛋白质表面的水化层和电荷层遭到破坏，蛋白质颗粒就会因为分子间引力增加而聚集沉淀。

（二）蛋白质的旋光性

蛋白质分子的总体旋光性是由各个氨基酸和螺旋结构引起的旋光度的总和。通常是右旋，变性后失去旋光性。影响旋光性的因素有温度、pH、离子强度和金属离子缔合作用等。

（三）蛋白质的紫外吸收

大部分蛋白质均含有带苯核的苯丙氨酸、酪氨酸与色氨酸，这些氨酸残基的侧链具有吸收紫外光的能力，最大吸收峰在 280nm 处，故可测此波长处的吸收值而对蛋白质进行定量。

（四）蛋白质的带电性

蛋白质分子除两端的氨基和羧基可解离外，侧链上的某些基团，如谷氨酸残基的 γ-羧基，赖氨酸残基 ε-氨基。精氨酸残基的胍基和组氨酸残基的咪唑基等，在一定条件下都可解离成带负电荷或正电荷的基团，故蛋白质是两性电解质，蛋白质在溶液中的带电情况主要取决于溶液 pH。蛋白质在溶液中解离成正、负离子的趋势相等，即净电荷为零时溶液的 pH 称为蛋白质的等电点（isoelectic point，pI）。各种蛋白质都具有特定的等电点，这与其所含的氨基酸的种类和数目有关。一般来说，含酸性氨基酸较多的蛋白质，等电点偏酸；含碱性氨基酸较多的蛋白质，等电点偏碱。由于蛋白质粒子表面电荷的相互排斥作用，正常情况下不会凝聚而沉淀。但当溶液的 pH 达到蛋白质的等电点时，蛋白质所带的正、负电荷数值相等，其分子的总电荷为零，分子间无电荷的排斥作用，相互碰撞后极易凝聚而沉淀，此时溶解度最小。

四、蛋白质、多肽类药物制剂的不稳定性

（一）蛋白质的吸附性

蛋白质与多肽溶液在制备过程中，可被容器、滤器或输送体系的材料表面吸附。当溶液浓度很低时，药物的损失相对较高。影响吸附的因素有 pH、离子强度和材料的表面疏水性等。膜滤过是现行蛋白质药物制剂灭菌滤过最常用的方法，必须注意膜对蛋白质药物的吸附。研究表明，不同材料的滤过膜对蛋白质的吸附量不同，以硝酸纤维与尼龙膜吸附量最多，其后依次为聚砜、二醋酸纤维素和亲水性的聚偏氟乙烯。

（二）蛋白质的水解

蛋白质可被酸、碱和蛋白酶催化水解，使蛋白质分子断裂，分子量逐渐变小，完全水解时蛋白质全部变为氨基酸。在酶或稀酸等较温和条件下发生不完全水解，生成肽段与氨基酸。

（三）蛋白质的氧化

含有甲硫氨酸、半胱氨酸等的蛋白质中具有芳香侧链的氨基酸，可以在一些氧化剂，如分子氧、过氧化氢、过甲酸、氧自由基等作用下发生氧化。如甲硫氨酸可氧化成甲硫氨酸亚砜而使一些多肽类激素和蛋白质失去活性。影响氧化的因素有温度、pH、缓冲介质、催化剂的种类和氧化剂的强度等，如巯基的氧化在碱性条件下特别是在金属离子存在时容易发生。蛋白质的空间结构影响氧化反应及其结果，如氧化的巯基暴露在蛋白质的表面，接着形成分子间的二硫键导致蛋白质聚集。

（四）蛋白质的变性

在某些理化因素作用下，蛋白质的空间构象发生改变或破坏，导致其生物学活性的丧失和一些理化性质的改变，这种现象称蛋白质的变性作用。蛋白质变性的本质是外界因素破坏了维持蛋白质空间构象的次级键，导致蛋白质分子空间构象的改变和破坏，而不涉及一级结构的改变或肽键的断裂。使蛋白质变性的原因有加热、紫外线、剧烈搅拌、强酸、强碱、有机溶剂、重金属盐等。

蛋白质变性的最主要特征是生物学活性的丧失，酶的催化能力、蛋白质类激素的代谢调节功能、抗原与抗体的反应能力、血红蛋白运输 O_2 和 CO_2 的能力皆会丧失。此外，某些理化特征也会改变，如溶解度降低，黏度增加、扩散系数降低，易被蛋白酶水解等（图 12-3）。

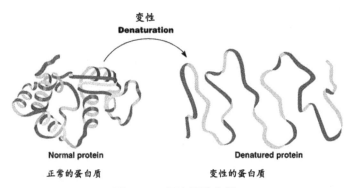

图 12-3　蛋白质的变性

在制备药物制剂时，常常要加热灭菌，添加酸、碱、盐或表面活性剂等附加剂，对于蛋白质药物，这些都可能造成蛋白质变性。如何达到既完成制剂制备，又不使蛋白质类药物变性，是需要不断探索的问题。影响蛋白质变性因素有：①物理因素：加热、剧烈振摇、暴晒、紫外线照射、高压等；②化学因素：酸、碱、盐、有机溶剂、表面活性剂等。

不同蛋白质对各种因素的敏感度不同，因而变性程度各异。如除去变性因素后，蛋白质的构象可恢复者称可逆变性，构象不能恢复者称不可逆变性。在研制有关制剂时，必须考虑如何保护所需要的蛋白质不变性，或利用可逆变性除去杂质及杀灭致病菌，或使变性恰到好处，以便制成有用的制剂，如疫苗。

五、蛋白质类药物制剂的稳定化

（一）液体剂型蛋白质类药物制剂的稳定化

在液体剂型中蛋白质类药物的稳定化方法可以从改造其结构和加入适宜辅料等方面着手。蛋白质类药物的稳定剂有以下几个方面。

1. 缓冲液

采用适当的缓冲系统，可以提高蛋白质在溶液中的稳定性。例如红细胞生成素采用枸橼酸钠-枸橼酸缓冲剂，人生长激素在 5mmol/L 的磷酸盐缓冲液可减少聚集。缓冲盐类除了影响蛋白质的稳定性外，其浓度对蛋白质的溶解度与聚集还有很大影响。组织溶纤酶原激活素在最稳定的 pH 条件下，药物的溶解度不足以产生治疗效果，因此要加入带正电荷的精氨酸以增加蛋白质在所需 pH 下的溶解度。

2. 表面活性剂

在蛋白质药物如组织溶纤酶原激活素等制剂中，均加入少量非离子表面活性剂，如吐温-80，来抑制蛋白质的聚集，其机理可能是因为表面活性剂倾向于排列在气-液界面上，从而使蛋白质离开界面来抑制蛋白质的变性。

3. 糖和多元醇

糖和多元醇属于非特异性蛋白质稳定剂。蔗糖、海藻糖、甘油、甘露醇、山梨醇（浓度 1%~10%）最常用。糖和多元醇的稳定作用与其浓度密切相关，不同糖和多元醇的稳定程度取决于蛋白质的种类。还原糖与氨基酸有相互作用，因此可避免使用。

4. 盐类

盐可以起到稳定蛋白质的作用，有时也可以破坏蛋白质的稳定性，这主要取决于盐的种类、浓度、离子相互作用的性质及蛋白质的电荷。低浓度的盐通过非特异性静电作用提高蛋白质的稳定性。如 SO_4^{2-}、HPO_4^{2-}、$CHCOO^-$、$(CH_3)N^+$、NH_4^+、K^+、Na^+ 等能增加溶液的离子强度，提高疏水作用，降低疏水基团的溶解度，使蛋白质发生盐析。此外，它们使水分子聚集在蛋白质周围被优先水化，所有这些都使蛋白质更加紧密稳定。NaCl 在稳定蛋白质中起关键作用，实验表明它能提高牛血清白蛋白（BSA）的变性温度和热焓。

5. 聚乙二醇类

高浓度的聚乙二醇类常作为蛋白质的低温保护剂和沉淀结晶剂。研究表明，不同分子量的 PEG 作用不同，如 PEG300 浓度 0.5% 或 2% 可抑制重组人角化细胞生长因子的聚集；PEG200、400、600 和 1000 可稳定 BSA 和溶菌酶。

6. 金属离子

一些金属离子，如钙、镁、锌与蛋白质结合，使整个蛋白质结构更加紧密、结实、稳定。不同金属离子的稳定作用视离子的种类、浓度不同而不同，应通过稳定性实验选择金属离子的种类和浓度。

（二）固体状态蛋白质药物的稳定性

一些蛋白质药物不能采用溶液型制剂时，往往用冷冻干燥与喷雾干燥的工艺解决这类制剂的稳定性问题。这两种工艺均可用于热敏感药物的脱水以延缓溶液中常见的分解作用。

冷冻干燥制备蛋白质类药物制剂主要考虑：①选择适宜的辅料，优化蛋白质药物在干燥状态下的长期稳定性；②考虑辅料对冷冻干燥过程一些参数的影响，如最高与最低干燥温度、干燥时间、冷冻干燥产品的外观等。

喷雾干燥可以控制颗粒大小与形状，生产出流动性很好的球状颗粒。此项工艺对制备蛋白质类药物的控释制剂特别是发展新的给药系统是很有用的。在喷雾干燥过程中也可加入稳定剂。喷雾干燥的缺点是操作过程中损失大，特别是小规模生产，水分含量高。

将蛋白质药物制成环糊精包合物，可提高其溶解度和稳定性；加入某些物质可阻止蛋白质的聚集，这些物质有蔗糖、葡萄糖、氯化钠、甘氨酸、精氨酸、谷氨酰胺、天冬氨酸、甘露醇、山梨醇、聚乙二醇、环糊精和人血清白蛋白等。

六、蛋白质类药物制剂的制备工艺

蛋白质类药物可制成口服、外用或注射制剂。这类药物的不稳定性，使得口服制剂的制备相当困难。因此，目前绝大多数都以注射方式给药。

（一）蛋白质类药物的提取、纯化与含量测定

一些蛋白质以可溶形式存在于细胞外，可按其性质选择适当的溶媒直接提取。但多数蛋白质存在于细胞内，并结合在一定的细胞器上，故需先破碎细胞，然后以适当的溶媒提取。一般用超声波、电动搅拌器、匀浆器破坏动物组织和细胞，用加砂研磨、高压挤压、纤维素酶破碎植物组织和细胞。选择的提取条件既要尽量提取所需蛋白质，又要防止蛋白酶的水解和其他因素对蛋白质特定构象的破坏。

蛋白质的粗提液可用盐析法、低温有机溶剂沉淀法、等电点沉淀法、透析法、超滤法、凝胶过滤法、电泳法、离子交换层析法等进一步分离纯化。

含量测定可采用凯氏定氮法、福林-酚试剂法、双缩脲法和紫外分光光度法等。

（二）蛋白质类药物注射剂的制备工艺

蛋白质类药物制剂的研制关键是解决这类药物的稳定性问题。注射给药需采用适当的辅料，设计合理的处方与工艺，而非注射给药还需解决生物利用度问题。

蛋白质类药物注射剂的制备工艺与小分子化合物溶液型注射剂和粉针剂的制备工艺基本一致。各工序的室内空气洁净度必须达到 GMP 的要求。

溶液型注射剂使用方便，但需在低温（2~8℃）下保存。冷冻干燥型注射剂比较稳定，但制备工艺较为复杂。在冻干或喷雾干燥的工艺过程中，为防止蛋白质的失活，必须注意以下几点：

①必须重视在冻干过程中蛋白质的水合膜除去后是否会使立体结构改变，再加水是否能恢复原来的折叠状态。

②由于温度变化，处方中配伍的盐和缓冲体系会使 pH 改变，从而导致蛋白质失活。

③所选择的用来增加蛋白质类药物的体积的填充剂最好同时具有稳定剂的作用，如用甘露醇、山梨醇、葡萄糖等。

④必须严格控制水分含量。因为含水量的多少与块状物的物理状态有关，即形成无定形还是结晶。无定形一般含水量高，水分含量较高可能使块状物在贮存过程中发生坍塌，也可能影响化学稳定性。

⑤当蛋白质药物剂量很小时，要注意滤膜滤过时的吸附损失。可用人血清白蛋白作保护剂，其机理可能是滤膜、容器等的表面首先吸附此白蛋白而饱和，使蛋白质药物不再被吸附。

（三）蛋白质类药物非注射制剂的制备工艺

由于机体对蛋白质及多肽类药物具有一定的屏障，且消化道等对蛋白质具有降解作用，采用非注射途径给药存在生物利用度和稳定性方面的问题。但随着制剂新型给药系统的发展，出现了蛋白质药物的鼻腔、肺部、口服、口腔黏膜、直肠以及经皮等给药系统。为了提高蛋白质类药物制剂的生物利用度，可采用的方法有：对药物进行化学修饰或制成前体药物，应用吸收促进剂，使用酶抑制剂以及采用离子电渗法皮肤给药。

其中，吸收促进剂的作用体现在：①可以增强药物的热力学运动，使药物不易聚集，溶解性增加，从而促进吸收。②吸收促进剂会改变上皮细胞的体积，使细胞间物质转运更易进行。③增加生物膜的流动性使药物容易穿过，或引起膜磷脂排列的混乱，或促进膜中蛋白的沥滤，从而使吸收增加。部分吸收促进剂还具有抑制药物水解的作用。

1. 鼻腔给药系统

鼻腔给药是多肽蛋白质药物在非注射剂型中的一个较有希望的给药途经。由于鼻腔黏膜中动静脉和毛细淋巴管分布十分丰富，鼻腔呼吸区细胞表面具有大量微小绒毛，鼻腔黏膜穿透性较高而酶相对较少，对蛋白质类药物的分解作用比胃肠道黏膜低，所以有利于药物的吸收并直接进入体内血液循环。为了提高蛋白质类药物鼻腔给药的生物利用度，可采用吸收促进剂。

常用的鼻腔给药吸收促进剂有：①胆酸盐类：甘胆酸盐、胆酸盐、去氧胆酸盐、牛磺胆酸盐、葡萄糖胆酸盐、鹅去氧胆酸盐、乌索去氧胆酸盐等。②脂肪酸及其酯类：癸酸酯、辛酸酯、月桂酸酯等。③其他：十二烷基硫酸钠、柠檬烯、牛磺双氢褐霉素钠、壳聚糖等。

2. 肺部给药系统

肺部具有巨大的可供吸收的表面积和十分丰富的毛细血管，从肺泡表面到毛细血管的转运距离极短，且肺部酶活性较胃肠道低，没有胃肠道那么苛刻的酸性环境，在肺部吸收的药物可直接进入血液循环，故可避开肝脏的首过效应。现在人们已越来越意识到，肺部对那些在胃肠道难以吸收的药物（如大分子药物）来说可能是一个很好的给药途径。

早在1987年就有人进行了糖尿病患儿的胰岛素吸入治疗，1993年以来很多人进行过糖尿病患者的胰岛素雾化吸入治疗。如 Aradigm 公司开发了可精确控制给药量的雾化吸人装置 (AERx)，在健康志愿者和糖尿病患者身上达到了与皮下注射相似的降糖效果，而且重现性较好。Dura 和 Inhale 公司则开发了胰岛素的粉末吸入装置，在餐后高血糖的控制与长期给药的疗效方面都获得了较好的结果，与皮下注射给药进行了两个月的比较，对血糖的控制水平相同，而且粉末吸入组没有出现肺部的损害。

目前肺部给药系统存在的主要问题包括：①长期给药后安全性评估。②肺吸收分子大小的限制。③促进吸收的措施。④稳定的蛋白质药物的处方设计等。

3. 口服给药系统

蛋白质类口服给药主要存在的问题包括：药物在胃内酸催化降解和酶水解，药物对胃肠道黏膜的透过性差以及在肝的首过效应。蛋白质类口服给药主要剂型为微粒给药系统，包括微乳制剂、纳米囊、微球制剂、脂质体等。

4. 口腔黏膜给药系统

口腔黏膜较鼻腔黏膜厚，但无角质层，面颊部血管丰富，药物吸收后可经颈静脉、上腔静脉直接进入全身，可避免胃肠消化液降解和肝的首过效应。口腔黏膜吸收主要考虑改进药物的膜穿透性和抑制药物的代谢。常用的吸收促进剂有甘胆酸钠、去氧胆酸钠、梭链孢酸钠、聚氧乙烯 –9– 月桂基醚、聚氧乙烯 –9– 辛基醚、十二烷基硫酸钠、磷脂酰肌醇等。

5. 直肠给药系统

直肠内水解酶活性比胃肠道低，pH 接近中性，且药物吸收后可基本上避免肝的首过效应。直肠给药常用吸收促进剂有水杨酸、5– 甲氧基水杨酸、去氧胆酸钠、*DL*– 苯基苯胺乙醚乙酸乙酯 (*DL*–phenylalanine ethyl acetoacetate)、聚氧乙烯 (PEO–9– 月桂基醚)、烯胺类 (enamine) 衍生物如 *D*– 甘氨酸钠、*D*– 亮氨酸钠、*D*– 苯丙氨酸钠等。

6. 经皮给药系统

皮肤的穿透性低，是多肽和蛋白质药物经皮吸收的主要障碍。但皮肤的水解酶活性相当低，为多肽和蛋白质药物经皮吸收创造了有利条件。

七、蛋白质类药物制剂的评价方法

（一）制剂中药物的含量测定

制剂中蛋白质类药物的含量，可根据处方组成确定。如紫外分光光度法和反相高效液相色谱法常用于测定溶液中蛋白质的浓度，但必须进行方法的适用性试验。也可采用反相高效液相色谱法（RP-HPLC）、离子交换色谱（IEC）与分子排阻色谱（size exclusion chromatography，SEC）法测定。

（二）制剂中药物的活性测定

蛋白质类药物制剂中，药物的活性测定是评价制剂工艺可行性的重要方面。活性测定方法有药效学方法（如细胞病变抑制法）和放射免疫测定法。前一种方法是利用体外细胞与活性蛋白质多肽的特异生物学反应，通过剂量（或浓度）效应曲线进行定量（绝对量或比活性单位），该方法具有结果可靠。方法重现性好的特点，是制定药物制剂质量标准最基本的方法。后一种方法是建立在蛋白质类药物的活性部位与抗原决定簇处在相同部位时实施的一种方法，否则活性测定会产生误差。此外，也可采用十二烷基硫酸钠-聚丙烯酰胺凝胶电泳（SDS-PAGE）法测定蛋白质类药物活性。

（三）制剂中药物的体外释药速率测定

测定控缓释制剂中蛋白质类药物的体外释药速率时，要考虑到药物在溶出介质中不稳定，多采用测定制剂中未释放药物量的方法。具体方法（以微球为例）是将数个试验组的微球（每个试验组设置数个取样点）置于一定量的溶出介质中，放入37℃振动孵箱中，定时取样离心分离，测定微球中药物含量。蛋白质从微球中的释放受介质pH、离子强度、赋形剂以及转速、温度等条件的影响。

（四）制剂的稳定性研究

蛋白质类药物制剂的稳定性研究应包括制剂的物理稳定性和化学稳定性两个方面。物理稳定性研究应包括制剂中药物的溶解度、释放速率以及药典规定的制剂常规指标的测定。化学稳定性包括药物的聚集稳定性、降解稳定性和生物活性测定。试验方法可参照药物制剂稳定性章节。检测手段根据不同药物的特性选择光散射法、圆二色谱法、电泳法、分子排阻色谱法和细胞病变抑制法等。

（五）体内药动学研究

蛋白质类药物剂量小，体内血药浓度检测的灵敏度要求高，常规体外检测方法不能满足体内血药浓度测定。此外，药物进入体内后很快被分解代谢，因此，选择合适的检测方法是进行体内药动学研究的关键。对非静脉给药的控缓释制剂的体内药动学试验，可考虑选择放射标记法测定血浆中药物的量。该方法灵敏度高，适合多数蛋白质类药物体内血药浓度的测定。如果药物血药浓度与药效学呈线性关系，也可用药效学指标代替血药浓度进行体内吸收和药动学研究。

（六）刺激性及生物相容性研究

与其他类型药物制剂研究一样，刺激性及生物相容性研究是蛋白质类药物制剂（特别是各类注射剂）研究与开发的重要一环。我国药品注册管理办法规定，皮肤、黏膜及各类腔道用药需进行局部毒性和刺激性试验。各类注射（植入）途径给药剂型除进行局部毒性和刺激性试验外，还需进行所用辅料的生物相容性研究，以确保所用辅料的安全性。

第三节 基因药物传递系统

随着基因组学的发展和多种疾病发病基因机制的阐明，基因药物在人类心血管疾病、单基因病症、感染性疾病，特别是癌症的治疗领域受到广泛关注。研究发现，几乎所有的 DNA、编码或非编码的 RNA 都可以在经改造后，以外源核酸的形式进入细胞发挥治疗作用。在过去的 20 年里，虽然有大量的基因药物进入临床研究，但成功案例较少。其中一个重要原因是基因药物传递过程中存在大量的技术障碍。基因药物属于带负电的生物大分子，具有体内外稳定性差、缺乏靶向性、难入胞、在细胞内难以释放等一系列障碍和挑战。因此，要实现基因药物在体内有效传递，需构建能克服这些障碍的药物传递系统。随着材料科学和纳米科技的发展，大量新型载体被用于基因药物传递，以解决基因传递过程中面临的一系列障碍。

基因药物包括 DNA、小干扰 RNA（siRNA）和微小 RNA（microRNA）。它们都属带负电的生物大分子，很难透过同样带负电的细胞膜进入细胞发挥疗效；此外，它们易被核酸酶降解，很难完整地到达靶部位。因此，需借助相应的载体系统，才能将基因药物传递到治疗部位。

一、常用的基因载体系统

（一）病毒载体

进入临床试验的基因治疗药物大多采用病毒载体，但病毒载体安全性低，基因荷载量有限，免疫原性高，制备困难，使得其临床应用受到很大的限制。

（二）非病毒载体

非病毒载体基因荷载大，免疫原性低，便于大规模生产，特别是安全性高，受到研究者越来越多的青睐。

二、基因药物传递系统的作用机理与影响因素

治疗基因需要跨越多重物理屏障才能到达作用部位，因此，传递系统需要为其提供保护，以避免血浆核酸酶的降解和免疫系统的清除作用。同时提高基因药物在靶部位的富集和靶细胞的摄取。此外，良好的传递系统还应具备溶酶体逃逸能力，最终提高基因药物的治疗效果。[29]

使用非病毒载体将基因药物传递至相应的靶部位，需要跨过如下屏障：

（一）毛细血管壁屏障

经静脉注射的基因载体首先应能通过血液循环系统，穿过毛细血管壁，到达靶器官或靶组织。据报道，相对分子质量小于80000的物质易通过肾小球而被排出体外；粒径大于5nm的载体难以透过毛细血管内皮细胞而被保留在循环系统中；粒径在200nm左右的载体则易到达具有特殊毛细管结构的脾、肝脏和肿瘤等组织。

（二）细胞屏障

经静脉注射的载基因纳米粒穿过毛细血管壁后，还需穿过细胞外基质才能到达靶细胞。有研究显示，在细胞外基质和细胞表面存在大量的多糖和纤维蛋白（如硫酸乙酰肝素和硫酸软骨素），它们能与纳米载体相互作用，阻碍纳米载体的传递，同时还会导致核酸药物的提前释放，使核酸药物入胞效率低下。

（三）胞内屏障

载有基因药物的纳米载体经内吞被细胞摄取后，仍需克服细胞内的多重屏障。细胞内化后，非病毒基因载体面临的一个关键障碍就是基因药物在溶酶体内的降解，由于溶酶体内pH低，多种酶处于激活状态，极易导致核酸药物的降解。

（四）核酸释放

基因载体克服了在血液的非特异性解离，并且从溶酶体的弱酸和酶环境中逃逸出来后，能否在细胞内的靶部位有效释放出核酸，也是其能否发挥治疗作用的关键所在。

三、提高基因药物到达靶部位或靶细胞的效率

（一）增加基因药物在血液中的稳定性

基因药物进入体内后，需克服酶的降解作用和机体的清除作用，才能有效传递至病灶组织。由于血液和细胞内存在大量的水解酶，尤其是核酸酶，以松散结构存在的裸DNA分子极易被核酸酶催化降解。此外，大多数基因药物如DNA、siRNA、mRNA等都具有免疫原性，进入体内后易引起免疫反应。因此，研究人员通常用适当的载体将基因药物包裹起来，以保护它们不被核酸酶降解，同时避免引起免疫反应。

常用的基因药物载体有阳离子脂质体和阳离子聚合物载体两大类。它们可以通过静电作用与带负电的基因药物形成复合物。脂质体是由磷脂双层构成的具有水相内核的脂质微囊，具有靶向性好、无免疫原性、缓释时间长、毒副作用低及载药率高等优点；其疏水基团能在基因药物周围形成一层保护膜，避免核酸酶对基因药物的降解。阳离子聚合物是一类带正电的聚合物，不仅免疫原性低，而且能与DNA紧密结合，保护DNA免受核酸酶降解，同时便于进行靶向性及生物适用性改性等。常用的阳离子聚合物包括聚乙烯亚胺（polyethylenimine，PEI）、多聚赖氨酸（poly（L-lysine），PLL）、壳聚糖（chitosan，CS）等。

基因-载体复合物经静脉注射后，还面临着机体的清除作用。由于血浆中的许多成分（白蛋白、脂蛋白、IgG等）都带有负电荷，而多数基因载体带正电，两者易产生相互作用，导致电荷中和及微粒体积增加，从而引起复合物的聚沉。此外，阳离子载体还能激活补体系统，导致复合物被非特异性地清除。针对以上问题，可适当地降低复合物的表面电荷，减小粒径，避免静电作用和网状内皮系统吞噬作用，延长其在血液中的循环时间并提高稳定性。例如，可采用具有较强亲水性、无毒且无免疫原性的材料如聚乙二醇（polyethylene glycol，PEG）对载体进行修饰，从而有效提高载体的亲水性，掩盖其表面电荷，减少载体与血浆中血清蛋白的接触，避免网状内皮系统的清除，延长体内循环时间，实现基因药物至靶部位的高效递送。

（二）促进基因药物在靶细胞的摄取

细胞摄取是非病毒载体递送基因药物进入细胞的第一步，摄取效率的大小直接影响其递送效率。提高细胞对非病毒基因载体复合物摄取的方法和手段有：

1. 连接靶向配体

与正常细胞相比，许多特殊细胞，如癌细胞表面存在大量特异性或高表达性的受体，可以利用配体与受体的特异性识别与结合性质，在非病毒基因载体上连接配体，将复合物主动靶向到目标细胞，增加细胞对复合物的摄取，从而增强基因传递效率。目前研究较多的配体-受体系统有去唾液酸糖蛋白、转铁蛋白、叶酸、半乳糖、甘露糖及胰岛素、生长因子等。

2. 穿膜肽修饰载体

载体材料是携带基因到达靶细胞的运输工具，其结构及性质决定了基因的运载效率。对载体进行适当的结构修饰，如将穿膜肽 TAT、iRGD 等通过共价键连接到基因载体上，不仅能促使基因载体材料在肿瘤蓄积，而且能增强载体与细胞膜的作用，提高基因载体进入细胞的能力，从而提高基因转染效率。

3. 合成生物响应性材料

带正电的非病毒载体/基因药物复合物经静脉注射后，易与血液中带负电成分发生非特异性的作用而聚集，并很快从循环系统中被清除，导致其在靶器官的分布减少。据报道，用 PEG 修饰非病毒载体可以延长非病毒载体在血液中的循环时间，减少其与血清蛋白的聚集，降低毒性。但是到达靶部位后，PEG 化会阻碍复合物的细胞摄取以及溶酶体逃逸，从而降低基因传递的效率。合成具有生物响应性的材料对复合物进行可逆的 PEG 修饰即可克服这一缺点。例如，用对细胞外特有的酶敏感化学键连接 PEG 和载体材料，可使 PEG 在血液循环中发挥保护功能，然后在靶组织的特有酶作用下断开并离去，避免其对细胞摄取的阻碍，从而提高基因传递效率。目前，已有研究者利用肿瘤部位具有高浓度的基质金属蛋白酶（MMP）这一特点，用对 MMP 敏感的可断裂肽将二油酰基磷脂酰乙醇胺（DOPE）与 PEG 相连，所制备的多功能纳米颗粒（MEND）可有效地将 siRNA 靶向传递到肿瘤细胞。为了增加纳米粒的内吞，有研究者在纳米粒的表面引入了具有 pH 敏感的膜融合肽 GALA，从而大大提高了纳米粒在体内外实验中的转染效率。

四、促进基因药物溶酶体逃逸

大多数基因载体复合物都以内吞途径穿过细胞膜进入细胞质，并以内涵体形式在细胞质内转运。进入内涵体的外源物质通常会被转运到溶酶体或细胞膜。通常向细胞膜转运的外源物会被排出细胞外，向溶酶体转运的物质会被溶酶体内的酸和各种酶类物质降解。因此，如何使粒子从细胞内环境的酸性细胞器中逃逸十分重要，也是实现基因药物靶向输送的关键技术难点。常用的方案有以下几种。

（一）加入抑制溶酶体中水解酶活性的物质

氯喹是一类常用的抑制溶酶体中水解酶活性的物质，其易在溶酶体的酸性环境中积累，可提高溶酶体内的 pH，破坏溶酶体与细胞质之间的 pH 梯度，导致水分子的渗透性流入，使溶酶体肿胀破裂，从而促进复合物释放到细胞质。然而，氯喹缺乏选择性，它不仅能使复合物所在的溶酶体破裂，也会导致细胞质内的其他溶酶体破裂，表现出较大的细胞毒性。因此，要实现其广泛应用仍需要进行大量的研究。

（二）加入质子缓冲材料

提高基因转染效率的另一种方法是将质子缓冲材料作为载体进行基因递送。质子缓冲物质能够缓冲溶酶体中的酸性环境，抑制溶酶体酶的活性，保护基因不受降解，同时促进基因从溶酶体释放到细胞质中，从而有效提高基因转染效率。PLL、PEI 等具有氨基的阳离子聚合物在弱酸性环境如内体或溶酶体中易被质子化，从而使其所在环境中的渗透压急剧增加，导致内体或溶酶体的膜被胀破，即质子缓冲效应。与氯喹不同的是，这些质子缓冲材料仅破坏其所进入的溶酶体，因而其细胞毒性比氯喹小很多。此外，一些 pH 敏感树枝状聚合物，如聚酰胺-胺（PAMAM）含有丰富的叔胺基团，可以通过静电作用使阴离子囊泡膜弯曲，最终也可导致溶酶体破裂。

（三）融合肽修饰

融合肽不具有质子缓冲效应，但 pH 的变化可以导致其构型的变化，使其疏水区域暴露而插入内体膜中以实现逃逸。例如，病毒融合肽 GALA 从中性环境转移到酸性环境时，由随机线团结构变成两亲性的 α-螺旋结构，并组装成多聚体。该多聚体可在膜上穿孔形成通道，破坏膜的完整性，从而将载体释放到细胞质中。有研究者将融合肽 mHA2 与一端经甘露糖（Gal）修饰的阳离子聚合物聚（L-鸟氨酸）（pOrn）相连，制备具有肝细胞靶向的聚合物 Gal-pOrn-mHA2。结果显示，经静脉注射后，与未连接融合肽的复合物相比，DNA/Gal-pOrn-mHA2 复合物在体内肝实质细胞中的转染效率提高了 2 倍。

（四）可逆的 PEG 化

将 PEG 通过酸敏感的腙键或缩醛键与非病毒载体相连，在内体的酸性环境中可发生去 PEG 化，从而促进非病毒载体从溶酶体的逃逸。如将聚 2-（二甲基氨基）乙基甲基丙烯酸酯与 PEG 通过酸敏感的酯键相连后所得的嵌段共聚物，在弱酸性环境中能发生有效的去 PEG 化，从而极大地提高了基因转染。

五、促进基因药物与载体在细胞内的解离

治疗基因被载体传递至靶细胞后，需与载体解离才能发挥疗效。所以治疗基因在细胞内的释放效率最终决定其基因转染效率。许多数据显示，细胞内聚合物的解离是一个效率相对较低的过程。因此，需通过一些特殊的设计来增加复合物的解离，以获得较高的基因传递效率。

（一）设计酸敏感载体

各种酸敏感键已被用于制备非病毒载体，以便在细胞内释放核酸。pH 敏感的二嵌段共聚物聚（2-（甲基丙烯酰氧基）乙基磷酰胆碱）-聚（2-（二异丙基氨基）-乙基甲基丙烯酸酯）（PMPC-PDPA）。在生理 pH 条件下可与核酸形成稳定的复合物，但在弱酸性环境（pH=5~6）中，PDPA 上的叔胺质子化，使其变成不溶的共聚物而很快与核酸发生解离。有人将相对分子质量为 2000 的 PEI（PEI2k，以下简写以此类推）与谷氨酸醛通过酸敏感的亚胺键连接在一起得到在酸性环境下可降解的聚合物。其在 pH=5 的溶酶体中可以很快地降解为低毒的相对分子质量较小的聚合物，从而释放出目的基因，在体外的转染效率与商品化的 PEI25k 相当。

（二）设计还原性环境可降解载体

各种二硫键交联的聚合物被用来促进核酸在细胞内的释放。有研究者将阳离子聚合物和含硫醇基团的聚天冬酰胺相连，制备成在还原性环境中可降解的含硫聚合物，用于与 DNA 复合来传递 DNA。这种非病毒基因载体可以选择性地在细胞内释放 DNA，与线性 PEI22k 相比，显著提高了基因转染效率。

第四节　抗体类药物

一、抗体类药物概述

抗体是由抗原免疫动物体内产生的可与相应抗原结合的免疫球蛋白。抗体与抗原结合后，可降低、去除或中和抗原的毒性，使机体免除由抗原导致的疾病。由于抗体只与它识别的抗原发生结合，具有高度的特异性，人们便利用抗体的此种特性，将它用于某

些疾病的治疗。由此产生了抗体类药物。

1891 年，白喉毒素免疫血清治疗患者获得成功，开创了抗体治疗的时代。1975 年，杂交瘤细胞生产鼠单克隆抗体技术开创了抗体药物研究开发的新时代。1986 年，世界上首个单克隆抗体药物抗 CD3 单抗 OKT3 获得美国 FDA 上市批准，由此拉开单抗药物发展序幕。随着分子生物学技术的发展，鼠源单抗的人源化改造成为可能，为人用治疗用单克隆抗体的开发奠定了基础。

随着化学合成药的发现越来越难、研发成本越来越高，世界各国的大制药厂商均加大了对抗体类药物研发的投资。近年来，国内外各类新型抗体类药物，包括人源化抗体、抗体偶联药物、双特异性抗体、复方抗体、抗微生物感染抗体、单臂抗体、骆驼抗体、抗体融合蛋白不断涌现。

现有抗体类药物多通过重组技术由哺乳动物细胞表达生产，完整的生产过程包括生产细胞系的构建及传代扩增、细胞培养及抗体的纯化、抗体产品分装保存等。抗体类药物质量研究的共性问题有以下几个方面：① 细胞株的质量控制，包括重组工程细胞的构建，细胞库的建立和管理，生产细胞的检定；② 抗体药物的表征分析，包括分子结构、免疫学活性、生物活性分析；③ 抗体药物的纯度和杂质分析；④ 生物学活性分析。

二、抗体类药物分类

（一）单克隆抗体药物

单克隆抗体是由单一 B 淋巴细胞克隆产生的高度均一、仅针对某一特定抗原表位的抗体。世界上首个单克隆抗体药物抗 CD3 单抗 OKT3 获得美国 FDA 上市批准，拉开了单抗药物发展的序幕。此后，治疗性单抗经历了鼠源单抗、人鼠嵌合单抗、人源化单抗和全人源单抗等 4 个发展阶段。在这一过程中逐步减少了鼠基因序列及抗抗体反应，提高了单克隆抗体的功效和安全性。目前人源化及全人源化抗体以其低排斥反应等优点成为抗体药物发展的主要趋势。单克隆抗体以其特异性、均一性、可大量生产等优点，已经广泛用于肿瘤、自身免疫、移植排斥及病毒感染等疾病的治疗。

（二）抗体偶联药物

抗体偶联药物由 3 部分组成：单克隆抗体、高效的细胞毒性物质及连接臂。连接臂可将单克隆抗体和细胞毒性物质偶联起来。目前抗体偶联药的临床研究结果已展示出其应用于治疗肿瘤的良好前景。利用单克隆抗体把一种化疗药物靶向到肿瘤细胞，在实际操作中是一项复杂的技术。单克隆抗体必须与具有治疗作用的细胞毒素结合足够稳定，而不至于释放大量细胞毒素进入全身循环。细胞毒素与单克隆抗体偶联后应该保持该抗体对靶点的识别。此外，以哺乳动物细胞制备的单克隆抗体药物结构复杂，生产工艺的微小改变将导致质量属性显著变化。抗体偶联药物不同的偶联工艺，使其质量属性更为复杂。

（三）双特异性抗体药物

双特异性抗体可以同时特异性结合两个抗原达到阻断这两个抗原介导的生物功能，或者同时特异性结合两个抗原表位达到由这两个抗原表位介导的生物功能，或者拉近两种细胞而增强这两种细胞之间的相互作用。

由于技术瓶颈和临床需求不足的限制，双特异性抗体的发展一直受到阻碍。随着治疗性单克隆抗体的飞速发展，抗体制备技术大大提高，使双特异性抗体发展具备了克服限制因素的技术和动力。

（四）抗体片段药物

眼内用药的抗 VEGF 抗体可抑制新生血管形成，达到阻止湿性年龄相关性黄斑变性患者视力下降的治疗效果。眼内使用全抗体虽然也可以阻断 VEGF 作用，但其与膜型 VEGF 结合后可通过其 Fc 片介导的效应导致视网膜炎性水肿和增生。因此研究人员开发抗 VEGF 抗体的 Fab 片段用于治疗湿性年龄相关性黄斑变性。目前我国有一种人源化抗 VEGF 单克隆抗体 Fab 片段上市，通用名为雷珠单抗，商品名为诺适得。

三、经典生产工艺流程

（一）细胞培养和收获

细胞培养和收获可采用限定细胞传代至与其稳定性相符的最高代次后，单次收获产物的方式；也可采用限定细胞培养时间连续传代培养并多次收获的方式。在整个培养过程中，两种方式均需监测细胞的生长状况，并根据生产系统的特点确定监测频率及检测指标。应根据生产过程中培养、增殖和表达量一致性的研究资料，确定终止培养、废弃培养物以及摒弃收获物的技术参数。

每次收获后均应检测抗体含量、细菌内毒素及支原体。应根据生产过程及所用材料的特点，在合适的阶段进行常规或特定的外源病毒污染检查。除另有规定外，应对限定细胞传代次数的生产方式，采用适当的体外方法至少对 3 次收获物进行外源病毒检测。

（二）纯化（除病毒过滤）

细胞发酵培养结束后，采用深层过滤或连续流离心深层过滤的方法去除发酵液中的细胞及细胞碎片，获得上清液，进入纯化工艺。整个纯化工艺主要包括 Protein A 亲和色谱、低 pH 病毒灭活、阴/阳离子交换色谱（或复合模式色谱）、除病毒过滤、超滤浓缩换液、除菌过滤后即获得抗体原液。

Protein A 亲和色谱利用抗体结构中的 Fc 区域能特异性结合色谱填料偶联配基 Protein A 蛋白，而大部分杂蛋白等通过杂质流穿的特性来进行色谱分离，最后以低 pH 溶液洗脱柱子，收集粗纯后抗体，从而达到纯化效果。

低 pH 病毒灭活利用在特定低 pH 条件下，抗体质量稳定，但脂包膜病毒会发生变性失活，在恒定 pH 孵育一定时间后达到病毒灭活的作用。同时，HCP、DNA 等杂质也经常会发生沉淀，起到一定的除杂效果。

阴离子交换色谱利用等电点的差异进行分离。病毒、HCP、DNA 等杂质 pI 相对较低，呈酸性，在较高 pH 条件下，杂质与填料结合。而抗体 pI 一般相对较高，呈碱性，可直接流穿，从而达到分离去除效果。

阳离子交换色谱同样利用等电点的差异进行区分，一般工艺采用抗体与填料结合，杂质、病毒与填料部分结合，再利用不同的离子强度或 pH 进行洗脱、分离目的蛋白，达到去除效果。

除病毒过滤一般采用 20nm 左右规格的滤膜进行纳滤，截留病毒颗粒，蛋白流穿，达到病毒去除效果。

某些抗体根据其特性在纯化工艺中也会用到其他原理的色谱方法，例如疏水色谱、多模式（符合作用填料）色谱，这些方法也可达到纯度、杂质等控制目标，每个色谱工序对杂质的去除会有不同程度的贡献。

整个下游纯化工艺中，通过低 pH 病毒灭活，阴离子交换色谱，除病毒过滤能起到很好的病毒灭活/去除效果。Protein A 亲和色谱和阳离子交换色谱及其他步骤也有一定灭活/去除效果。单克隆抗体目前主要以 CHO 细胞生产，存在病毒污染风险，通常需要在纯化工艺中增加"低 pH"或"S/D"和"膜过滤"等病毒清除步骤。

（三）原液

纯化的单克隆抗体经除菌过滤分装于中间贮存容器中，即成为原液。如需加入稳定剂或赋形剂，应不影响质量检定，否则应在添加辅料前取样进行原液检定。原液的检测项目取决于工艺的验证、一致性的确认和预期产品相关杂质与工艺相关杂质的水平。应采用适当方法对原液质量进行检测，必要时应与标准物质进行比较。原液的贮存应考虑原液与容器的相容性、原液的稳定性及保存时间，应通过验证确定贮存条件和有效期。

（四）半成品

可由一批或多批原液合并生产半成品。拟混合的每批原液应在有效期内且应符合拟制备制剂的有效期要求，每批原液应按规定的工艺生产、单独检验，并符合相应质量标准；除另有规定外，制备成品前，如需对原液进行稀释或加入其他辅料制成半成品，应确定半成品的质量控制要求，包括检定项目和可接受的标准。

（五）成品

原液或半成品经除菌过滤后分装于无菌终容器中，经包装后即为成品。将分装后的无菌容器密封，以防污染，如需冷冻干燥，先进行冷冻干燥再密封。

（六）制品检定

①鉴别与一致性分析：鉴别、糖基化修饰分析。

②纯度和杂质：分子大小变异体、电荷变异体、制品相关杂质、工艺相关杂质。

③效价：生物学活性、结合活性、含量。

④其他检定：外观及性状、复溶时间、pH、渗透压摩尔浓度、装量/装量差异、不溶性微粒检查。

⑤可见异物检查、水分、无菌检查、细菌内毒素检查、异常毒性检查。

⑥修饰抗体的检测。

第五节　疫苗

一、细菌疫苗

细菌疫苗是一类用细菌、支原体、螺旋体或其衍生物制成的、进入人体后可使机体产生抵抗相应细菌能力的生物制品。传统的细菌疫苗主要分为灭活疫苗、减毒活疫苗、类毒素疫苗、多糖疫苗和多糖蛋白结合疫苗。

细菌疫苗的生产工艺流程包括菌种培养、原液生产和检定、半成品配制和检定、灌装、轧盖、灯检、成品包装和检定等工序，上述几种疫苗生产工艺的主要区别在于原液生产工序。

（一）细菌灭活疫苗和减毒活疫苗

1.定义

细菌灭活疫苗是将自然强毒株或标准菌株人工大量培养后，经杀菌处理而制成。减毒活疫苗是用人工诱变方法培育出的弱毒菌株或无毒菌株而制成的。

2.生产工艺流程

生产工艺流程如下：

第一步，菌种培养。此时多采用固体培养法，从菌种间取出保存的工作种子批菌种，将其接种到含培养基的克氏瓶内，在批准的工艺参数下培养一定时间后，将菌苔转移至小规模液体培养基中，扩增至规定代次和规模后用于大罐发酵培养。

第二步，原液生产。即将扩量好的菌种接种到含液体培养基的发酵罐内，在批准的工艺参数下培养，得到大量菌液。对于减毒活疫苗来说，这些菌液就是原液。而对于灭活疫苗来说，还需要经历脱毒（杀菌）步骤，才能成为原液。脱毒（杀菌），就是向获得的大量菌液中加入杀菌剂，我国多用甲醛杀菌剂，按批准的生产工艺进行杀菌，杀菌后获得的即为灭活疫苗原液。该步骤是灭活疫苗和减毒活疫苗的最大区别之处，灭活疫苗多了杀菌脱毒的步骤。

第三步，原液检定。根据产品质量标准，对原液进行各项指标的检测，如浓度、菌形态、无菌试验等。检定合格的原液可直接进入下一步工序或保存一段时间后再生产。

第四步，半成品配制。根据批准的生产工艺和产品质量标准，将原液稀释至一定浓度，同时会加入辅料，如稳定剂、防腐剂等，冻干产品还需加入赋形剂，可根据产品需要决定是否加入佐剂，对于灭活疫苗来说，需要加入佐剂以提高其免疫效果，而对于减毒活疫苗来说，其免疫效果本身就比较好，一般不需要加入佐剂。

第五步，半成品检定。根据企业规定对半成品进行检定。

第六步，灌装、冻干、轧盖、灯检。这里注意，冻干不是每个细菌疫苗产品所必需的，是否进行取决于产品生产工艺中是否有此要求。一般减毒活疫苗由于稳定性不好，需要冻干工序。

第七步，成品包装和检定。即按照批准的产品质量标准和药典要求对成品进行检定，如鉴别试验、物理检查、水分、无菌试验、活菌计数、热稳定性试验、效力试验。

（二）类毒素疫苗

1. 定义

类毒素疫苗是从细菌培养液中提取细菌外毒素蛋白，然后用化学方法脱毒制成的无毒但仍保留免疫原性的一类疫苗。免疫后诱导机体产生的抗体，即抗毒素，能特异中和相应的细菌外毒素，类毒素疫苗用于细菌毒素性疾病的预防，使用最广的是白喉和破伤风类毒素。

2. 生产工艺流程

类毒素疫苗和细菌灭活疫苗、减毒活疫苗大致一样，需经历菌种培养、原液制备和检定、半成品配制和检定、灌装、轧盖、灯检、成品检测等工序。主要区别在原液生产工序，该工序涵盖了产毒、脱毒、精制等步骤。

产毒是原液生产的第一步，可通过人工培养产毒细菌而获得毒素。生产毒素须具备生产菌株、产毒培养基和培养方法几个条件。需要获得稳定的产毒菌株，并保持该菌株产毒稳定性。细菌发生变异会丧失产毒能力，一般采用冻干保存菌种的方法来防止菌株发生变异。产毒培养基和制造毒素用的培养基，成分比较复杂，需符合特定要求才可以。培养方法，各种菌株的产毒最适温度、最适时间及培养方法等，都要根据菌种的特性和具体的实验来决定。

脱毒是原液生产的第二步，是将外毒素转变为类毒素的过程。甲醛是比较理想的脱毒剂，但其脱毒作用比较复杂，温度、pH、甲醛浓度是影响脱毒的几个主要因素，改变任何一个因素都会有不同的结果。在生产中要综合考虑，选择最佳脱毒条件。

精制是原液生产的第三步，是将毒素进行纯化等处理的过程，精制条件要温和，避免对抗原性有任何损伤。也可以采取先精制后脱毒的方法生产原液。

精制类毒素的免疫原性较差，需要加入佐剂，因此在灌装之前需要加入一个和佐剂混合的过程。此外，有一点非常重要，类毒素在一定条件下会发生毒性逆转。因此，在生产时要严格控制生产条件，防止该现象的发生。

（三）多糖疫苗和多糖蛋白结合疫苗

1. 定义

多糖疫苗是从荚膜细菌中纯化的细菌多糖。诱导机体产生的抗体可保护机体抵抗荚膜细菌的感染。引起人类疾病并带有荚膜多糖的细菌主要有 b 型流感嗜血杆菌、肺炎球菌等。

由于多糖属于非胸腺依赖性抗原，幼小动物或婴幼儿体内只能产生微弱的免疫反应，甚至不产生免疫反应，普通的佐剂对这种抗原不易起到免疫增强作用。为克服这些缺点，研究者将多糖与载体蛋白共价连接，这类细菌性疫苗称为多糖蛋白结合疫苗。

2. 生产工艺流程

由于多糖疫苗和多糖蛋白结合疫苗存在较多相似之处，所以，我们将上述两种疫苗的原液生产工艺流程放在一起给大家介绍。首先是用发酵罐液体培养法获得大量细菌，再加入甲醛溶液杀菌，最后是多糖的提纯和精制。提纯过程包括去核酸、沉淀多糖等步骤。多糖蛋白结合疫苗在此基础上，再增加一步和蛋白结合的步骤以及相应的纯化步骤。另外，有些多糖疫苗涉及多个细菌亚型，半成品配制过程中还需要将得到的来自不同亚型细菌的多糖按比例混合配制，如 ACYW 流行性脑膜炎疫苗，23 价肺炎疫苗等。对于是否需要进行加佐剂或冻干，则需要根据每个产品批准的工艺生产。

二、病毒类疫苗

病毒类疫苗是指由病毒、衣原体、立克次氏体或其衍生物制成的，进入机体后诱导机体产生抵抗相应病毒能力的生物制品。

病毒类疫苗的分类方法有很多。按照制造工艺，目前病毒类疫苗产品主要可以分为减毒活疫苗、灭活疫苗和基因工程疫苗等。病毒类疫苗的生产工艺流程主要包括原液生产和检定、半成品配制和检定、灌装、轧盖、灯检、成品包装和检定等工序。减毒活疫苗、灭活疫苗、基因工程疫苗生产工艺的主要区别在于原液生产工序。

（一）减毒活疫苗和灭活疫苗的生产工艺流程

第一步，原液生产。灭活疫苗和减毒活疫苗均包括细胞制备、病毒接种和培养、病毒收获。灭活疫苗在此基础上增加病毒灭活、超滤浓缩、纯化等步骤。

1. 细胞制备

可以采用原代细胞，如鸡胚细胞、地鼠肾细胞、猴肾细胞、鼠脑细胞等，也可采用人二倍体细胞株或动物、人源连续传代细胞。

①原代细胞的制备：以鸡胚细胞为例，选用 9~11 日龄鸡胚，经胰蛋白酶消化，分散细胞，用适宜的培养液进行培养。

②人二倍体细胞和传代细胞的制备：取工作细胞库的 1 支或多支细胞复苏。将复苏后的单层细胞消化，分散成均匀的细胞，加入培养液混合均匀后置适宜温度下培养成单

层细胞。细胞应符合"生物制品生产检定用动物细胞基质制备及质量控制"规定。

2.病毒接种和培养

病毒接种是指当细胞培养成致密单层后，将病毒和细胞进行混合，病毒接种量及培养条件按批准的执行。病毒培养是指病毒的增殖过程。

3.病毒收获

病毒收获是指当细胞病变达到适宜程度时，收获病毒液，可以根据细胞生长情况，进行1次或多次病毒收获。灭活疫苗在此基础上增加病毒灭活、超滤浓缩、纯化等步骤。

4.病毒灭活

病毒灭活是指病毒收获液加入病毒灭活剂置适宜温度下孵育一定时间。常用 β-丙内酯或甲醛灭活病毒，按批准的病毒灭活工艺参数执行，包括孵育温度、孵育时间、灭活剂浓度、蛋白质含量等。灭活结束后于适宜的温度放置一定时间，以确保 β-丙内酯完全水解。

5.超滤浓缩

超滤浓缩是指检定合格的病毒收获液进行适宜倍数的超滤浓缩至规定的蛋白质含量范围。通过超滤装置实现病毒的浓缩、分离和提纯。纯化是指采用适宜的方法提纯病毒，如柱色谱法、蔗糖密度梯度离心法等。

（二）基因工程疫苗的生产工艺流程

1.第一步，细胞培养

和减毒活疫苗、灭活疫苗的原液生产工艺存在较大差别。目前有两种方法：方法一，酵母等工程菌通过发酵培养获得大量培养物；方法二，CHO 表达细胞通过转瓶、细胞工厂或生物反应器培养获得大量培养物，收集培养物，破碎菌体，然后去除细胞碎片，采用吸附、色谱法等方法提纯抗原，获得大量纯化产物。

接着向大量纯化产物中加入甲醛，甲醛浓度和处理条件根据批准的生产工艺执行。甲醛处理后的纯化产物经超滤浓缩、除菌过滤后即为原液，亦可在甲醛处理前进行除菌过滤。

2.第二步，病毒收获液和原液检定

原液生产过程中获得的病毒收获液需根据不同产品要求进行检定。检定项目有病毒滴度、抗原含量、无菌检查、支原体检查等。

原液检定需根据产品质量标准，对原液进行各项常规项目的检测，比如无菌试验、牛血清白蛋白残留、细胞蛋白和 DNA 残留、支原体检查等。

除常规项目外，减毒活疫苗需要检测病毒滴度。灭活疫苗除了检测抗原含量、蛋白质含量外，还需要增加灭活验证试验，证明病毒是否全部灭活。基因工程疫苗需要检测特定蛋白带、N 端氨基酸序列、纯度等。

3. 第三步，半成品配制

根据批准的生产工艺和产品质量标准，将原液稀释至一定浓度，同时会加入辅料，如稳定剂、防腐剂等。冻干产品还需加入赋形剂。通常减毒活疫苗需要进行冻干来保持活性状态。可根据产品需要决定是否加入佐剂，对于灭活疫苗来说，需要加入佐剂以提高其免疫效果。而对于减毒活疫苗来说，其免疫效果本身就比较好，所以一般不需要加入佐剂。最后经过除菌过滤，就得到了半成品。

4. 第四步，半成品检定

不同产品的检测项目不同，需根据产品质量标准或药典规定执行。一般会取样进行无菌检查、内毒素检查。对于基因工程疫苗来说，还会涉及吸附完全性试验、化学试剂残留和游离甲醛等检测。

5. 第五步，灌装、冻干、轧盖、灯检

这里注意，冻干不是每个病毒疫苗产品所必需的，是否进行取决于产品生产工艺中是否有此要求。减毒活疫苗基本都需要经历冻干工序。

6. 第六步，成品包装和检定

即按照批准的产品质量标准和药典要求对成品进行检定，如鉴别试验、理化检查、装量、外观、无菌检查、细菌内毒素检查、效价测定、异常毒性试验、热稳定性试验等，如果生产过程中采用甲醛灭活，还需检测游离甲醛。

三、新型疫苗

（一）亚单位疫苗

亚单位疫苗通过化学分解或有控制性的蛋白质水解方法，除去病原体中与诱发保护性免疫无关或有害的成分，保留致病原主要的保护性免疫原，并从中筛选出的具有免疫活性的片段。所以亚单位疫苗的优点是安全性高，不良反应小。缺点是部分亚单位疫苗

免疫原性弱，需要选用佐剂。常见的亚单位疫苗有乙肝疫苗、非细胞百日咳疫苗等。

（二）载体疫苗

载体疫苗以病毒或细菌作为载体，将保护性抗原基因重组到病毒或细菌基因组中，形成能表达保护性抗原基因的重组病毒或细菌。目前，主要的病毒活载体有痘病毒、腺病毒和疱疹病毒等，主要的细菌活载体有沙门氏菌、李斯特氏菌和卡介苗等。该类疫苗与自然感染时的真实情况很接近，所以可诱导产生的免疫比较广泛，包括体液免疫和细胞免疫，甚至是黏膜免疫。免疫效果和安全性都好，是当今与未来疫苗研制与开发的主要方向之一。如果载体中同时插入多个保护性抗原基因，就可以达到一针防多病的目的。国外已研制出以腺病毒为载体的乙肝疫苗等。

（三）核酸疫苗

核酸疫苗也称为 DNA 疫苗或裸 DNA 疫苗。它是携带保护性抗原基因的重组质粒。将核酸疫苗接种至人体，将会在人体内表达形成抗原，最终刺激人体免疫系统产生特异性抗体。

（四）可食用疫苗

首先从病原体中获得保护性抗原基因，将该基因插入到载体质粒中，获得带有保护性抗原基因的重组质粒。将该重组质粒转入土壤杆菌，然后将该土壤杆菌转染可食用植物细胞，将携带的保护性抗原基因导入可食用植物细胞的染色体中，保护性抗原可在可食用植株中稳定表达和积累。

四、免疫佐剂

（一）免疫佐剂的定义及作用

凡能非特异地通过物理或化学的方式与抗原结合而增强其特异免疫性的物质称为免疫佐剂。其作用范围包括调节体液免疫与细胞免疫的平衡、提高特异性抗体的产生、提高抗体滴度和延缓抗体在体内的分解、调节抗原引起的免疫反应类型、刺激各种细胞因子的产生等。因此，免疫佐剂更确切的名称应为免疫调节剂。

评价佐剂质量的优劣或能否适用于人用疫苗的主要因素有：①促进免疫反应的能力；②副作用的大小；③价格和成本。这些因素必须权衡考虑，但是副作用是其中最重要的一个因素，应考虑是局部反应还是全身反应，以及副反应的程度是否能被使用者接受。

还应考虑到使用佐剂后是否能减少疫苗的免疫剂量、次数，以及免疫力持续的时间长短等。

（二）免疫佐剂的主要类型

1. 铝佐剂

现在世界上人用最广泛的疫苗佐剂为金属盐类，包括铝和钙的化合物——氢氧化铝[$Al(OH)_3$]、磷酸铝($AlPO_4$)和磷酸钙[$Ca_3(PO_4)_2$]等。这些佐剂对大分子蛋白质、多糖等有很强的吸附能力，所以又称作吸附剂。抗原中加入适量这样的佐剂，可以将抗原完全吸附，接种后，佐剂将抗原缓慢释放，起到抗原"仓库"(depot)的作用，从而延长抗原与巨噬细胞或其他抗原提呈细胞的接触，结果抗体的产量可数倍、数十倍乃至成百倍地增长。

$Al(OH)_3$、$AlPO_4$均已长期广泛地应用于人，证明是安全有效的佐剂。$Al(OH)_3$的吸附能力强，适用于中性的抗原；$AlPO_4$反应温和，但吸附能力较弱，而且只有在弱酸环境中才显示较强的吸附作用，所以使用受到一定的限制。$Al(OH)_3$是目前最常用的人用佐剂，多年来已广泛用于多种生物制品，如白喉、破伤风类毒素，DPT 三联疫苗，霍乱、流脑菌苗，狂犬、流感及乙肝疫苗等。铝佐剂的应用不仅大大增强了疫苗的免疫原性和免疫持久性，还可以减轻全身反应，尤其是对提纯的制品，如类毒素、亚单位疫苗等，已经成为不可缺少的组成部分。$Al(OH)_3$本身也有免疫调节作用，可刺激机体的体液免疫反应，但这种佐剂的抗体应答寿命较短，一般 3~4 周即迅速下降。因此用这类佐剂的疫苗，通常需要注射两次，才能产生满意的免疫效果。另外，铝佐剂不能用于加强免疫。有报道指出，使用铝佐剂的人群，在 10 年后再接触铝佐剂，比使用不含铝佐剂的相同疫苗能引起更多的副反应。

2. 矿物油乳剂

矿物油乳剂即福氏佐剂 (freund adjuvant，FA)，由液状石蜡和无水羊毛脂加热混溶而成。用时与等量液体抗原充分混匀，形成较稳定的油包水（水 / 油）乳剂，称不完全福氏佐剂 (incomplete freund adjuvant，IFA)。若在不完全福氏佐剂中加入死分枝杆菌 (如卡介苗) 以增强炎性反应，称完全弗氏佐剂 (complete Freund's adjuvant，CFA)。这类佐剂在提高抗体的幅度和免疫持久性方面，远高于铝佐剂。可是由于副反应严重，注射后多引起无菌化脓，且含有的矿物油会长期 (或许是终身) 潴留于组织中不能代谢，容易引起过敏反应，因此不允许用于人。目前在实验室用动物制备高价抗体或兽用生物制品，常常采用这种佐剂。

3. MF59 佐剂

MF59 的组成为 4.3% 角鲨烯、0.5% 吐温-80 和 0.5% Span-85。自 1997 年以来，在欧洲已包含在获得许可的流感疫苗中，现在已被用于 30 多个国家的 1 亿多人。这种佐剂包含角鲨烯油滴———一种可生物降解的生物相容性油，是人体的正常成分。MF59 具有很好安全性和明显的佐剂作用，适用于亚单位和裂解疫苗。

4. AS0 佐剂

AS0 佐剂系统由葛兰素史克在过去三十年中开发。AS01，其组成为 MPL/QS21/liposome，已用于带状疱疹疫苗 Shingrix 和疟疾疫苗 Mosquirix；AS03 是一种角鲨烯水包油型乳剂佐剂，与 MF59 类似，但还含有 α-生育酚（维生素 E）作为额外的免疫增强成分，已用于流感疫苗 Pandemrix 和 Arepanrix；AS04，由铝佐剂和 MPL 组成，这是一种从明尼苏达沙门氏菌中提取的脂多糖 (LPS) 形式，吸附在铝盐上，已用于乙型肝炎疫苗 Fendrix 和人乳头瘤疫苗 Cervarix。

5. 胞嘧啶磷酸鸟苷（CpG）佐剂

CpG 佐剂属于核酸佐剂，已用于乙肝疫苗 Heplisav-B，偏向于细胞免疫应答。CpG 序列是具有以下特点的 6 个碱基序列：中间为 2 个非甲基化的胞嘧啶和鸟嘌呤，5' 端 2 个嘌呤，3' 端 2 个嘧啶。其公式为 5'X_1X_2CGYY_3'，X_1= 嘌呤，X_2= 嘌呤或胸腺嘧啶，Y= 嘧啶。在核酸佐剂中以人工合成的 CpGDNA 最为常用。人工合成的 CpG 寡核苷酸在 18 个碱基以上，但一般不超过 22~30 个碱基，其中，以含有 1~2 个 CpG 结构的作用最佳。应注意的是，如在 CpG 二核苷酸前方有 1 个 C，或者后方有 1 个 G，或者 CpG 二核苷酸直接重复，不但没有免疫刺激作用，反而有抑制作用。多数学者研究之后认为，对人体特异性免疫刺激作用最强的 CpG 结构序列为 5'TGTCGTT3'，对小鼠特异性刺激最强的 CpG 序列为 5'TGACGTT3'。

6. 细胞因子佐剂

细胞因子是一类机体在免疫反应时产生的免疫调节物质。研究发现具有免疫佐剂效应的细胞因子有白细胞介素、干扰素、巨噬细胞集落刺激因子、肿瘤坏死因子、趋化因子等。然而，细胞因子佐剂因其有一定的剂量相关毒性、免疫原性弱、半衰期短且较为昂贵等，其使用受到了一定的限制。细胞因子可用于对肿瘤和免疫缺陷的治疗及疫苗佐剂。用于疫苗的佐剂，有用细胞因子本身的，也有与其他佐剂联合使用的。白细胞介素

1（IL-1）的第 163~171 氨基酸多肽片段无抗原性但保留了佐剂作用，此多肽已用于乙型肝炎表面抗原的佐剂。

7. QuilA 佐剂

从皂树树皮中提取的皂角素经初步纯化的产品称为 QuilA，已经在市场上出售，主要用于兽用疫苗，如口蹄疫疫苗。QuilA 非单一成分，经 HPLC 分析，它含有 23 个成分，其中有些没有佐剂作用，已经确定的有佐剂作用的成分主要有 QS-7、QS-17、QS-18 和 QS-21。QS-21 作为疫苗佐剂已进行了众多临床研究，实验性疫苗包括 HIV 疫苗、疟疾疫苗、黑色素瘤疫苗和肺炎球菌结合疫苗。

8. 细菌毒素佐剂

一些细菌毒素，如霍乱毒素、大肠杆菌不耐热毒素、百日咳毒素等是目前已知的强黏膜免疫佐剂。这些毒素在蛋白质分子结构上有相似之处，即均由亚单位 A 和亚单位 B 聚合组成。毒性由亚单位 A 引起，亚单位 B 能与宿主细胞表面受体结合，并穿透细胞，将亚单位 A 带入细胞。如何去除毒性作用而又保留其佐剂效应是当前佐剂研究的重点课题。其中，大肠杆菌不耐热毒素已成功显示出对流感和 HIV 疫苗的佐剂效应。

9. 细菌脂多糖佐剂

脂多糖（lipopolysaccharide，LPS）存在于革兰阴性菌的细胞壁，由一种独特的疏水脂和一条很长的重复的多糖链连接而成。革兰阴性菌，如伤寒、副伤寒、霍乱和百日咳等细菌的脂多糖成分是这些细菌重要的抗原和主要的免疫原。从实践中可知，这类含 LPS 的细菌具有佐剂作用，如含百日咳全菌体的百白破联合疫苗。

10. 脂质体佐剂

脂质体是人工制备的同心的磷脂双层球体，其组成成分磷脂酰胆碱是细胞膜的正常成分，可以生物降解，故对机体无毒害，而且容易得到。因此脂质体佐剂疫苗已被 WHO、欧洲药典委员会、美国 FDA 认可。脂质体作为疫苗载体，对多种抗原（蛋白质、多糖或细胞）均有较好的佐剂作用，还具有减毒作用。

（三）免疫佐剂的安全性

由于人用佐剂疫苗是用于健康人群的，特别是用于婴幼儿的，所以它对安全性的要求非常严格。人用疫苗的理想佐剂应该是充分定性的、有效的、在无冷藏条件时是稳定的，而且是无毒性的。目前绝大部分的佐剂尚不具备所有这些要求。无论是佐剂疫苗，还是任何其他疫苗，要求绝对安全都是不现实的，问题是怎样把危险性降到最低程度。

为了加强制品的安全性，应该对佐剂本身和佐剂疫苗进行全面的安全性检查。首先须通过急性和慢性试验，并且应符合以下要求：①能使弱抗原产生满意的免疫效果；②不得引起中等强度以上的全身反应（发热＞38℃）和严重的局部反应（化脓），可在局部潴留（硬结）但必须逐渐被机体吸收；③不应引起自身免疫性疾病；④不应引起对佐剂本身的超敏反应，不应与自然发生的血清抗体结合而形成有害的免疫复合物；⑤既不能有致癌性，也不得有致畸作用；⑥佐剂应为化学纯，化学组成确定，可以定型生产；⑦保存1~2年的佐剂应该稳定有效。

制剂生产新技术

下 篇

第十三章 药物 3D 打印技术

一、3D 打印技术概述

3D 打印技术 (three-dimensional printing technology) 是通过计算机建立模型，运用可黏合材料，以逐层打印的方式来构造物体的技术。作为一种新型技术平台，3D 打印在产品设计复杂度、产品个性化和按需制造方面具有极大的优势，以其独特的"一步成型"的优势，以及通过合理的设计即可得到不同形状以及释放特性药物的特点，得到了药物制剂工作者青睐。2015 年 7 月美国 FDA 批准了全球第一个 3D 打印药物左乙拉西坦速溶片，这标志着 3D 打印技术在药物制剂领域的应用得到了肯定，从此开启了 3D 打印药物制剂的新篇章。

在药物制剂制造领域，药品稳定性和剂量准确性是 3D 打印设备和技术设计的首要考虑。不同于其他工业领域的生产，如金属器件等常常需要高温、高压等条件，药剂学领域应用较多的 3D 打印技术通常在较温和的条件下进行，其打印技术主要有：选择性激光烧结 (selective laser sintering，SLS)、光固化成型 (stereo lithography apparatus，SLA)、喷墨成型打印 (ink-jet printing，IJP)、熔融沉积成型 (fused deposition modeling，FDM)、半固体挤出成型 (semi-solid extrusion，SSE)。喷墨成型技术的黏结剂喷射技术被认为是用于制药生产的主要 3D 打印技术。该技术与传统的湿法制粒原理相似，依靠黏合剂和粉末之间黏结，制作出的药片具有"疏松多孔的结构"，技术设备成本相对较低、产品精度精确、可选择的材料多，在药物制剂领域前景广阔。熔融沉积成型技术用于打印口服固体制剂也非常广泛。

（一）选择性激光烧结（SLS）

SLS 是基于打印材料对激光的敏感性，用激光提升材料的温度使其熔融并使粉末之间产生相互作用结合在一起的。在打印的过程中通过物料箱 Z_1 轴向上运动供给单层打印所需物料，铺粉辊将物料均匀铺于成型台上，同时成型台即 Z_2 轴方向会下降打印程序所设定层高的距离，接着激光头会选择性地照射所要打印物件的一个层高的横截面。此时单层打印已经完成，并准备进行下一个循环，Z_2 轴方向下降，Z_1 轴方向上升，铺粉辊铺粉，激光烧结（图 13-1）。如此往复直至打印任务的完成，升起成型台去除多余粉料，即可得到打印成品。2017 年 Fina 等探索了这种 SLS 打印技术在药物制剂方面的适用性，打印出的药片未出现药物降解的情况，这项工作证明了 SLS 可以应用于制药领域，并增加了 3D 打印在药物制剂领域应用的新方式。2018 年 Fina 等又尝试以 SLS 的方式打印口崩片，其将羟丙甲基纤维素 (HPMC E5) 和乙烯基吡咯烷酮-乙酸乙酯共聚物 (Kollidon® VA 64) 分别与模型药物 5% 对乙酰氨基酚和 3% 的 Candurin® 金光泽着色剂混合后进行打印，通过调节打印参数来改变成品的释放效果。最后制备出在少量水中不超过 4s 完全崩解的口崩片，首次证明了 SLS 制备口崩片的可行性。

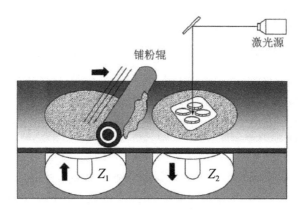

图 13-1　SLS 3D 打印技术

（二）光固化成型（SLA）

SLA 是通过一些光聚合物 (如光敏树脂) 经过紫外光的照射固化成型的一种技术。2017 年 Martinez 等以 SLA 打印技术制备了含有布洛芬的 PEGDA 水凝胶，此项研究为水凝胶的制备开辟了另一条道路。2019 年 Economidou 等以 SLA 技术制备了胰岛素经皮给药的 3D 打印微针。微针以光敏树脂打印而成，又经过 IJP 技术在微针的表面形成胰岛素薄层。动物实验显示，以此方式制备的胰岛素微针与皮下注射相比，胰岛素作用速度快，血糖控制效果良好 (稳定血糖可超过 4h)。

（三）喷墨成型打印技术（IJP）

IJP 粉液三维打印系统由打印头、铺粉辊、升降台等组成，打印时首先由铺粉辊将粉末铺洒在操作台上，打印头按照计算机设计好的路径和速度滴加黏合剂或药液，然后操作台下降一定距离，再铺洒粉末、滴加液体，如此反复，按照"分层制造，逐层叠加"的原理制备所需的产品（图 13-2）。制备时所涉及的工艺参数主要包括粉末层厚度、打印头移动速度、液滴直径、液滴流速、行间距、打印层数等。通过调节这些参数可以获得不同性质的制剂产品。通过调节打印头移动速度，可以获得不同硬度、脆碎度和崩解时间的制剂。该技术精度高，产品孔隙率大，但是只适用于粉末状原料，而且产品的机械性能较低。

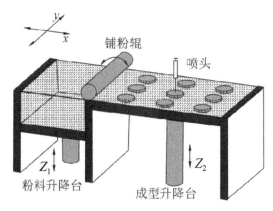

图 13-2　喷墨成型 3D 打印技术

（四）熔融沉积成型技术（FDM）

FDM 是通过将载药聚合物加热使其呈熔融丝状，然后根据计算机设计的模型参数从成型设备的尖端挤出沉积到平台上制备所需的三维产品。该技术所涉及的工艺参数包括挤出温度、挤出速度、打印头移动速度、产品填充百分比等。该技术操作简单，产品机械性能较好，但是其缺点是操作温度较高，不适用于热不稳定的药物，如 4-氨基水杨酸在 210℃的挤出温度下有一半左右发生了降解。该方法采用了热熔挤出技术的原理，选择低熔点辅料以及加入增塑剂等降低玻璃化温度等可以降低打印温度，解决热不稳定性问题。

（五）半固体挤出成型（SSE）

SSE 是将原辅料粉末和黏合剂混合均匀后制得的软材加入到成型设备的打印头中，

然后按照计算机设计的处方量和路径挤出在平台上，最后经过干燥获得所需产品。由于制备条件温和快速，该技术不仅用于制备常规的药物制剂，还用于制备携带活体细胞的生物高分子材料。

二、3D 打印在固体制剂中的应用

传统口服固体制剂给药是通过口服在胃中释放药物。精准医疗的发展使得现代口服固体制剂给药向速释、缓释、控释、靶向给药发展。3D 打印技术能够"定制"口服固体制剂，调控药物在机体内的吸收、分布、代谢和消除，使药物发挥最大的药理作用同时降低药物的不良反应，增加患者的顺应性。其中熔融沉积成型技术工作步骤是打印机加热喷嘴使挤出的聚合物长丝软化，然后将聚合物沉积在 X–Y 尺寸的构建板上，形成打印物体的一层，然后构建板下降，下一层聚合物沉积下来，重复步骤，一个物体可以在几分钟内以三维的形式制造出来。打印机的原料是挤出的聚合物长丝，将不同药物混合负载于聚合物长丝中，通过计算机辅助药物设计制剂的内部以及外部构造，"定制"口服固体制剂，可以满足个性化给药需求。

（一）速溶制剂

全球首例被美国食品药品监督管理局批准上市的 3D 打印药物左乙拉西坦是一种速溶片。该制剂有 4 种不同规格，制剂内部具有多孔结构因而扩散速率更快，口服平均崩解时间为 11s[30]。

YU[31] 等使用黏结剂喷射技术制备对乙酰氨基酚口腔速崩片，在分层打印过程中使用黏合剂将粉末沉积到制剂内部特定区域，体外试验证实该口崩片崩解时间为 23.4s，在 2min 内能够溶出 98.5% 的药物。

LIN[32] 等采用 3D 打印技术制备半径为 5~9mm、厚度为 1.2~3.9mm 的一系列速效救心口崩片，体外试验验证均具有较快的崩解时限。

（二）缓控释制剂

相较于传统工艺制备出的缓控释制剂，3D 打印的缓控释制剂能够通过计算机系统调节参数，制备出更为智能化、满足个体化需求的药物制剂，能够实现延长半衰期，达到最佳治疗水平以及针对肠道疾病活动的特定区域减少相关的系统性不良反应。如 Zhang[33] 等使用挤压式 3D 打印技术通过控制黏合剂的比例打印出不同缓释效果的阿司匹林双层片，体外试验证实该 3D 打印双层片硬度是传统药品的 1.5 倍，并具有良好药物释放性能。Rowe[34] 等制备出了两种脉冲制剂。第一种为肠溶双脉冲制剂,能够在给药后第 1 个小时释放外层药物,在第 8 个小时释放内层药物。第二种为胃-肠双脉冲制剂,该制剂能够在胃液中稳定释放 1h,在肠液滞后 6h 稳定释放。Maroni[35] 等使用熔融沉积成型打印技术成功地制造了能够传递不相容药物和不同药物配方的双室胶囊装置。通过调控胶囊内部的壁厚和间隔室的组成分布,这种装置能够产生不同脉冲药物释放效果,提高药物治疗的个性化程度。

(三)复方制剂

复方制剂是 3D 打印药物制剂的重要研究方面之一,它不仅能够快速便捷地打印出含有不同剂量的药品,还能结合患者需求设计多种释放机制相互独立的整合药片,提高患者顺应性的同时,延长作用时间。Khaled 等运用熔融沉积成型技术,将硝苯地平、卡托普利、格列吡嗪 3 种活性成分"整合"到一个复方制剂里。其中格列吡嗪和硝苯地平分别以凝胶骨架溶蚀机制和药物扩散的方式释药,呈现为一级释放动力学,而卡托普利则以渗透泵的原理呈现零级释放动力学。在此基础上,他们制备了含有 5 种活性成分、2 种释放机制的,由 3 部分组成的复方制剂。该制剂分为 3 层,第一层为乙酸纤维素缓释层;第二层为雷米普拉、普伐他汀、阿替洛尔缓释层;第三层为阿司匹林、氢氯噻嗪速释层(图 13-3)。速释层 30min 内溶出率约为 90%,同时缓释层于 12h 持续释放,该制剂满足了 5 种活性成分体外释放的要求。运用 3D 打印的方法制备此种多药合一的复方制剂,不仅仅产品工艺简单、成型速度快,更重要的是能够获得个体化的精准给药。

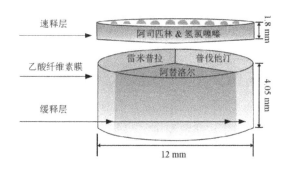

图 13-3 包含 5 种药物的 3D 打印复方片剂

3D 打印技术还能通过设定不同的药动学参数,构建不同外观形态药片,极大地改善药物释放行为,更加符合临床用药需求。Wang 等以聚乙二醇二丙烯酸酯作为单体,二苯基氧化膦作为光引发剂分别制备出了"甜甜圈"结构的含有 4-氨基水杨酸片和对乙酰氨基酚的药片，药片内部光固化构型使药物几乎无降解，药片外部"甜甜圈"的构造延长了其释放时间。Goyanes 等使用对乙酰氨基酚和咖啡因两种药物，用双喷头熔融挤出技术建立两种模型。一种为多层叠堆模型，两种药物同时溶解，互不干扰；另一种为核-壳模型，包含在外壳药物首先被释放，只有当外壳药物溶解一定程度后，内核药物才开始释放。

（四）植入剂

植入剂传统的制备工艺是将药物及辅料粉末混合均匀后，灌注到相应的模具中。这种方法难以准确控制植入剂的内部结构，对植入剂疗效的发挥会产生一定的影响。采用3D 打印技术制备植入剂，不仅可以控制制剂的外部形状，使其在最大程度上与患者的给药部位相吻合，也可以控制制剂的内部结构，使其在患者体内恒速释放。

三、前景与挑战

3D 打印技术在个性化药物递送表现出巨大的潜力。利用 3D 打印技术制备多层剂型时，只需在软件中改变参数即可实现精确的单独层质量控制，对小儿和老年口服剂型的开发极其有利。3D 打印技术可通过计算机辅助电脑设计制作密度和扩散系数可变的固体剂型、复杂的内部几何形状、多种复方药物、多种释药模式复合药物制剂，以成功解决水溶性差的药物、多肽药物以及强效药物的给药和多药释放等问题，药物释放速度的精准控制能够保障最好的治疗效果。未来使用 3D 打印技术制备安全、有效、个性化给药的药物制剂在口服固体制剂中有望得到更广泛的应用。

3D 打印药品同时面临众多挑战：①打印设备本身存在众多缺陷，打印机运行时平面振动和漂移可能会导致药片产生波纹和离轴；打印平台过热导致药片热膨胀变形；挤出机关闭时，丝线拉长会产生丝状纤维；下层质量过大或能量输出过多导致药片塌陷；印刷不完全导致残留未结合药粉；印刷后的残余应力松弛导致药品缺陷等。②在技术层面上，熔融沉积成型技术往往需要使用较高的温度，尽管有报道使用聚乙烯吡咯烷酮和滑石粉作为基体形成剂和热稳定填料，在较低的温度（110℃）可制备出具有即时释放特性的 3D 打印片剂，然而在该温度下众多药物热稳定性依旧较差。点滴沉积打印和压力辅助微注射器喷头打印的 3D 打印方法，其后处理使得整个制造过程时间延长，增加了已被合并物的降解，需要对其干燥过程或方法本身进行改善。③在药品制造成本方面，传统片剂生产过程：原料研磨—混匀—制粒—润滑—压片—涂层；3D 打印片剂生产过程：原料研磨—混合—打印—涂层。相较于传统片剂生产，尽管3D打印步骤减少，但其层层打印步骤是一个连续动态过程，无法实现分级制造、流水线组装生产。同时使用一组机器生产一种药品，传统药品制造工艺每分钟产量>15000片药片，而3D打印（选择不同工艺）达到相同产量则需要花费2min~2h不等；打印设备熔融打印材料需要消耗大量时间以及能源，因而3D打印药品制造成本仍旧较高。④辅料也是3D打印药物制剂局限性的主要干预因素之一，其影响3D打印药物制剂形态、机械和流变特性、可塑性和快速溶解剂量等，3D打印辅料的多样性及其安全性有待进一步研究。

第十四章　连续制造技术

目前药品生产主要以间歇方式进行。间歇式生产指产品在每个单元操作后收集，至实验室中检验合格后，转至下一单元操作。随着质量源于设计（QbD）和过程分析技术（PAT）的发展，连续生产成为可能。2005 年，Chris Vervaet 等开始研究连续制粒，发现连续制粒相比于传统批量制粒更具优势。这些优势体现在更小的设备、更小的占有空间、更高的生产效率。美国 FDA 提出连续生产过程具有提高产品质量的潜力，鼓励制药行业采用连续生产的方式。

一、连续制造的概念

连续制药不仅是一种制药技术，更是一种制药理念的创新。传统的批量生产过程通常是生产前投料，一段时间后得到产品，在投入原料和得到产品这段时间之间没有原料投入。而连续工艺是原料投入和产品产出是同时进行的，贯穿整个生产过程。连续制药强调的是生产过程的连续性，不是各生产单元的简单拼凑，是一个整体概念，它是个别连续单元操作连接而成的一个集成制造工艺。使用 PAT 产生一些实时数据以反映和监控连续制药过程。使用工程过程控制系统可以减轻因原材料和工艺流程变化而造成对成品的影响。

二、连续制造的特点

（一）集成工艺，投入和产出同时进行

连续制造操作单元集成，极大缩短了生产时间，提高了生产效率。连续制造工艺中，输入的物料或混合物连续载入工艺流程，经过处理的输出物料连续地卸载。虽然在连续制造工艺中，任何给定阶段处理的物料量可能相对较少，但工艺可以在一段时间内运行，生成具有期望产品质量的大量终产品。在一个端对端连续药品制造工艺中，不同工艺步

骤按顺序连接在一起形成连续生产线。其中产品可以以与原始物料输入相同的速率移除。药品制造工艺也可能包含批制造和连续工艺步骤的组合。

（二）设备紧凑、占地更少

连续制药的生产工艺是各连续操作单元的有机结合，是一条集成生产工艺。传统的批量生产工艺和高端的连续制造工艺相比就像第一台电脑和现在的笔记本电脑相比。通常单元连续操作比其批量操作更高效，单位时间、单位容积有更高的吞吐量，从而大大减少了工艺设备尺寸。在连续生产过程中，物料从一个工序直接进入下一个工序，不需要隔离场所和专用的组件，这使生产的设备规模大大减少，资本和运作费用大大降低。此外，由于连续生产设备小，不仅操作便利，还能减少安全隐患。

（三）更加灵活的物料控制

连续生产不需要考虑物料的储存问题，特别是中间物料。投料和产出同时进行保证了每次所使用的物料都是新鲜的、高品质的，不会因为生产时间过长而发生变化。这可以减少以前储存运输中间体的费用，能对市场短缺做出快速反应避免损失，能够减少敏感中间体的降解还可以保障物料性质从而确保最终产品的质量。对于原料药，连续制药技术还可以很好地控制结晶过程中颗粒尺寸的分布和减少混合的分离风险。这可能消除下游的药物矫正的单元操作，例如制粒和研磨。连续制药可以方便地吸纳先进的工艺技术，这很有利于连续操作。

（四）实时监控物料质量信息，确保物料质量属性一致

在整个连续制药过程中，物料的特征基本不变，生产过程是一个稳态过程。它不像传统批量操作那样会产生批次产品间的差异。采用连续生产更容易开发过程监控系统和控制策略。

（五）节能减排，生产更加高效

随着环境问题的日益严峻和处理废物的成本上升，连续制药将更具优势。批量式生产方式是间歇过程，对能源的利用率低下，其生产需要大型用电设备，增加供电负荷。Thomas 在 2004 年表明，将间歇式生产改为连续生产可以节省 95% 的设备和能源，因为更小的设备和场地能节约花在供热、通风、空调上的费用。同年，Thomas 和 Ramsay 指出在一个实际生产例子中，将批量生产改为连续生产可以消除 16000 吨的溶剂需求，设备效率从 30% 提高到 81%，极大减少了浪费和能耗而节约成本。同时，连续生产方式可

以节省劳动力，批量生产中对固体的处理经常需要很大劳动强度，而具有单元间紧密联系性的连续生产可以克服这一困难。

三、前景和挑战

（一）连续制造控制策略

与批次制造相同，相同的监管要求也适用于连续制造。特别是应当开发控制策略，保证制造工艺流程可以持续地制造出符合预定用途的产品。为批次制造开发的控制策略可能在连续制造的模式下变得不适用。因此，如果要将一个批次单元操作由连续模式替代时，应当再次检查控制策略。在对连续制造工艺开发整体控制策略时，连续操作独特的方面应当被评估。因为物料流经整个系统，并且产品在整个较长的过程中逐步成型，工艺、产品或者环境条件可能随时间变化，以至于产品质量可能变化。稳健的工艺控制策略是保证产品在整个运行阶段形成一致质量所必需的。

（二）原始物料的差异性

对于连续制造工艺，当开展调查时，将原始物料差异性作为可能的根本原因考量是重要的。在批工艺中，多个原始物料批次通常在制造开始时被混合。这可能不适用于连续制造，不同批次的原始物料可能在生产活动期间被使用。在一个单一产品批次中使用多个原始物料批次，虽然这些原始物料可能符合标准，但可能将差异性引入到终产品。

（三）生产现场产品监控和取样

过程分析技术工具更可能在生产现场（在位、近线或在线）应用在连续制造工艺。与批制造一样，如果在生产现场确认出不符合，应在物料处置之前开展调查。例如，如果在位检测结果趋向于失败，终产品检测不足以放行相关物料，应开展相关调查。监测设备中的故障也应开展调查。可以制定在设备故障的情况下，采用替代检测或监测方法的规程。替代方法可能涉及使用终产品检测或其他选择，将质量保持在可接受水平。

样本（不论在线或取出）都应当有代表性，并且取样频率、时间点应当考虑物料流速，系统动力学和单一剂量。任何取样器可能的失败模式都应当研究。流速、取样频率、时间常数和驻留时间分布：所有这些对如何在任何点（起始物料特性、中控和成品质量）检测产品质量、如何实现向前向后控制产生影响的因素都应当予以考虑。可以考虑定义一个灵活的监控频率，一些有更高变异风险的时期需要更强的监控，例如，在加入新批次的物料，或在基于向前向后控制链进行工艺参数调整后。

（四）不合格品管理

建立全面的规程来描述不合格的处理是关键的，包括在制造中需要产品流分流的超标或超趋势。在不合格发生之前应建立描述当产品流被分流或当收集被重新启动时的规程。如果检测到不合格物料，应在下一个适当的点转移不合格物料。如果中间过程监测检测到一定量的物料需要被分流，在确定该批次处置之前应对被分流物料做调查。

（五）清洁验证

对连续制造设备和系统的清洁及清洁验证考量在根本上与非连续制造设备和系统是相同的。连续制造单元操作可能比批处理中的单元操作更小，表面积体积比将有所不同。对于连续制造，专用的或非专用的设备都可以被使用。对于确定专用设备清洁，验证清洁剂、生物负荷、内毒素和降解产物可接受标准的原则与非专用设备基本上是相同的。

若专用设备被用于连续制造，来自前一产品的活性成分对下一产品的交叉污染不是问题。因此，关于活性成分本身的清洁验证一般不认为是对专用设备的要求。然而，对于专用设备应，当清洁剂的残留或生物负荷或降解产物对下一制造批的影响是一个问题时，应考虑清洁验证。制造商应对所有清洁方案开展风险评估以确保使用该设备制造的产品满足质量预期（如残留物清除、批完整性和监管预期）。应定义清洁工艺和清洁频率，并定期验证有效性。

（六）设备故障

设备性能的退化可能给连续处理带来挑战，设备性能退化可能在一长段时间内逐渐发生。因此可能在批处理或短期测试运行期间不容易被观察到。控制系统应考虑如何检测和解决设备性能问题。

为确定和评估在生产运行全程连续工艺操作中维持稳定工艺条件的潜在挑战，风险分析、实际测试和建模技术可能是有益的。

控制系统可被设计成用来解决生产线中的某个不相称的薄弱生产单元（例如，由于退化或缺乏稳健性）或易发生设备故障的问题。这类考量可包括关键设备元素的快速转换或冗余 / 并行 / 重复。

（七）现有批制造与连续制造桥接的质量考量

在使用不同工艺（例如批工艺）之后提出，连续制造工艺对于制造临床、等效性或注册稳定性批可能会产生一些情况。企业可能希望在批准后生产变更时引入连续工艺。在这种情况下，基于风险的方法用于确定支持连续制造产品质量的桥接信息类型是有用的。

从批制造到连续制造的变化很可能导致设备、工艺参数、控制策略和设施或生产区域的改变。两种工艺的比较和输入物料（或配方）适用于评估工艺变更风险的起点。除个别单元操作和设备的不同外，整体工艺的全面评估对于评价因系统动态特性的差异所存在的风险是有益的。

剂型、规格、药物载荷、效力、释放曲线和给药途径更因素也可以影响产品质量风险。例如，高载药量速释片剂的风险很可能小于低载药量缓释片剂。建议与相应法规监管机构讨论拟定变更和桥接策略，以在开展研究之前获得共识。

四、连续制药技术监管环境

当前监管环境支持推进监管科学和创新，可能包括抛弃一些传统制造实践，支持更清洁、更灵活、更高效的连续制造。美国、欧洲、国际药业法规协和会（ICH）三个地区的监管机构和不断增长的非 ICH 监管机构，正鼓励行业采取 ICH Q8 (R2)、Q9、Q10 和 Q11 支持的新技术，引入 QbD 概念，强调基于科学和风险的方法，以保证产品质量。对于批处理和连续处理的监管期望是相同的，确保在商业环境中技术上健全的、基于风险的、与产品质量相关的、可靠的和预测性的加工。

（一）美国食品药品管理局指南

美国食品药品管理局（FDA）《行业指南：PAT– 药品研发、制造和质量保证创新框架》特别指出，连续制造的引入可能是对工艺设计采用科学的基于风险的方法的成果之一。工艺理解、控制策略，再加上对关键质量属性（CQA）的在线、在位或近线测量可以为控制策略提供与基于实验室对所收集样品的检验相当或更好的实时质量评价。

美国 FDA《行业指南：工艺验证：一般原则和实践》将工艺验证活动与生命周期概念保持一致。指南鼓励在制造工艺生命周期的所有阶段使用现代化药品研发理念、质量风险管理和质量系统。生命周期概念将产品和工艺研发、商业化制造工艺认定相链接的制造工艺（商业化制造工艺指得到商业化产品，即被销售、分销和出售或意欲出售的药品。在这里，商业化制造工艺不包括临床试验或治疗性 IND 物料），并且在日常商业化生产期间将工艺保持在受控状态。该指南支持工艺改进和创新，包括连续制造。

（二）欧盟（EU）指南

ICH 欧盟关于连续制造的 EU 指南包括《工艺验证指南》，其中引入了连续工艺确认（CPV）的概念。引入的《近红外指南》经常被作为用于工艺监测和 / 或控制的 PAT 工具此外，还引入了《实时放行检测指南》。虽然不是必需的，但连续制造通常与实时放行检测（RTRT）相结合。此外，欧洲药品管理局（EMA）在 2003 年成立了过程分析技术小组，支持在 EU 的 PAT 和 QbD 活动。小组提供了用于在质量工作组（QWP）、生物制品工作组（BWP）和药品生产质量管理规范 / 分销质量管理规范检查员工作组之间对话的论坛。

（三）ICH 指南

ICH Q8 (R2)、Q9、Q10 和 Q11 指南的出现和相应的 ICH Q–IWG 考量要点和问答文件强调，前瞻性基于科学和风险的研发方法和生命周期管理，会增加对医药产品的质量保障。总的来说，这些指南加强采用基于风险的 (Q9)，系统的和基于科学的方法 Q8 (R2) 和 Q11，以及稳健的药品质量体系（PQS）(Q10)，以增进工艺理解和产品知识。虽然在 ICH 指南中描述的许多工具本身都不是新的，但这是基于健全的科学和质量风险管理的更加系统化和整体框架内的概念的实施，是在产品研发和制造中引入根本性的范式转变。

（四）监管考量

药业和监管机构对连续制造逐渐积累经验，应当探索一些监管方面的考量，将原理和实践相结合。尽管当前的监管框架并不排斥连续制造，但传统的概念应当进一步探索或者被挑战，来促进连续制造的实施。以下方面对于批次和连续工艺同样适用。在评价批生产和连续工艺的特性和共性时，应当注意连续制造需要不同的方法。

1. 原则上，批次的概念应当先于制造的概念提及。尽管每个连续工艺有独特的考量，人们可以考虑根据生产质量或生产过程来定义批次。

2. 中间控制和取样的考量不同。例如，连续单元操作可能有不同的操作原则。故取样的考量（诸如样本量，频率，位置）可能不同。应当考虑被测样本量的代表性，建立接受标准。

3. 在连续制造工艺中应当定义处理偏差的接受流程，包括识别和移除不合格物料。检验连续批次的理由应当基于系统动力学的考虑，例如物料受影响的时间或者个数。

4. 应当考虑起始物料质量标准及其与批间变异对工艺表现的重要性。

5. 应当在开发期间,在验证和持续工艺验证期间考虑并控制变异来源。

6. 制造变更的评估及其对产品质量的影响应当反映与连续制造独特于批次工艺的风险。

综上所述,全球和各地区法规、指南和标准对创新药品研发和制造方法提供支持。当前指南可能需要随着经验的积累重新评估对连续制造操作的考量。

◎　阶段性习题与答案

参考文献

［1］ Lipinski C A . Drug–like properties and the causes of poor solubility and poor permeability. [J]. Journal of Pharmacological & Toxicological Methods, 2000, 44(1):235–249.

［2］ 张波，张东娜，王洪权，等．难溶性药物增溶技术的研究进展[J]. 解放军药学学报，2009(5):4.

［3］ 李华龙，尹东东，王杏林．难溶性药物的制剂增溶技术及应用[J]. 天津药学，2010, 22(1):8.

［4］ 魏敏，关皎，徐璐，等．熔融法制备布洛芬固体分散体[J]. 沈阳药科大学学报，2010(1):6.

［5］ 陈小云，张振海，郁丹红，等．丹参酮组分缓释固体分散体的研究[J]. 中草药，2013, 44(017):2391–2396.

［6］ Spireas S，Sadu S，Grover R.In vitro evaluation of hydrocortisone liquisolid tablets[J].J Pharm Sci，1998，87 (7) : 867–872.

［7］ Spireas S，Sadu S . Enhancement of prednisolone dissolution properties using liquisolid compacts[J]. International Journal of Pharmaceutics, 1998, 166(2):177–188.

［8］ 孙丹丹，闫雪生，于蓓蓓，等．液固压缩技术速释复方丹参片中丹参酮 Ⅱ A 的研究[J]. 辽宁中医杂志，2017, 44(5):4.

［9］ Zhao X J，Yan X S，Xin–Gang X U，et al. Investigation of Immediate–Release Mechanism of α–Asarone by Liquisolid Compacts[J]. Chinese Journal of Experimental Traditional Medical Formulae.

［10］ 罗丹，李小芳，余琳，等．液固压缩技术增溶制剂中的葛根总黄酮[J]. 中成药，2015, 37(3):4.

［11］ 马玉坤，冯杨，孔蓓蓓，邹满．微乳对槲皮素增溶作用的实验研究[J]. 齐鲁药事，2004(03) : 46–48.

[12] 陆秀玲. 盐酸小檗碱 O/W 型口服微乳的制备及体内外评价 [D]. 长沙：中南大学，2012.

[13] Wang J，Takayama K，Nagai T，et al. Pharmacokinetics and antitumor effects of vincristine carried by microemulsions composed of PEG–lipid, oleic acid, vitamin E and cholesterol.[J]. International Journal of Pharmaceutics, 2003, 251(1–2):13–21.

[14] Boppana R，Mohan G K，Nayak U，et al. Novel pH–sensitive IPNs of polyacrylamide–g–gum ghatti and sodium alginate for gastro–protective drug delivery[J]. International Journal of Biological Macromolecules, 2015.

[15] [1]The mechanism behind the biphasic pulsatile drug release from physically mixed poly(dl–lactic(–co–glycolic) acid)–based compacts.[J]. International journal of pharmaceutics, 2018.

[16] Parmar K，Shaikh A，Dalvadi H . Chronomodulated drug delivery system of Irbesartan: Formulation and development using Desing of Experiment (DoE)[J]. Bulletin of Faculty of Pharmacy Cairo University, 2017:S11100093117300649.

[17] [1] 陈昊，田效志，马盼盼，等. 复方芎七脉冲胶囊的制备及其释药机制研究 [J]. 河南科学，2018, 36(12):6.

[18] 王文喜，朱淼，高捷，等. 多索茶碱脉冲微丸的制备及释药机制研究 [J]. 浙江工业大学学报，2016，44(3)：346–350.

[19] 段好刚. 基于壳聚糖 / 海藻酸钠结肠定位给药载体的构建及其体内抗炎效果研究 [D]. 兰州：兰州大学，2017.

[20] Jing L，Zhang L，Hu W，et al. Preparation of konjac glucomannan–based pulsatile capsule for colonic drug delivery system and its evaluation in vitro and in vivo[J]. Carbohydrate Polymers, 2012, 87(1):377–382.

[21] 蒋新国. 脑靶向递药系统的研究进展 [J]. 复旦学报 (医学版),2012,39(05):441–448.

[22] 钱丽萍，林绥，阙慧卿. 近年来贴剂的研究进展 [J]. 海峡药学,2009,21(06):26–29.

[23] 陈鑫，张永萍，徐剑，等. 微针现代研究进展 [J]. 亚太传统医药,2021,17(07):210–213.

[24] 朱凤，金凡茂，赵昱，等. 微针经皮给药技术研究进展 [J]. 中国生化药物杂志,2016,36(08):149–152.

[25] 沈晨，夏旭，高文彦，等. 微针辅助经皮给药系统的研究进展 [J]. 中国医药工业杂志,2017,48(07):965–973.

[26] 陈欢欢，宋信莉，汪云霞，等. 可溶性微针在经皮给药系统中的研究进展 [J]. 广东化

工 ,2021,48(16):115–116.

［27］ 于鲲梦，平其能，孙敏捷 . 植入型给药系统的应用与发展趋势 [J]. 药学进展，2020，
44(05) : 361–370.

［28］ 张翠霞，张文涛，王东凯，等 . 新型的药物传递系统 – 原位凝胶的研究进展 [J]. 中国
医院药学杂志 ,2006(04):459–461.

［29］ 李寒梅，李曼，张志荣，等 . 基因药物纳米给药系统的设计与研究进展 [J]. 药学进
展 ,2016,40(04):276–283.

［30］ KOTTA S，NAIR A，ALSABEELAH N.3D printing technology in drug delivery : Recent
progress and application[J].Curr Pharm Des，2018，24(42) : 5039–5048.

［31］ YU D G，SHEN X X，BRANFORD–WHITE C，et al.Novel oral fast–disintegrating
drug delivery devices with predefined inner structure fabricated by Three–Dimensional
Printing[J].JPharm Pharmacol，2009，61(3) : 323–329.

［32］ LIN Q F，YANG F，FAN K Y，et al.Study on the preparation of Suxiao Jiuxin orally
disintegrating tablets by 3D printing[J].Acad J Guangdong Coll Pharm(广东药学院学报)，
2016，32(1) : 1–4.

［33］ ZHANG H X，YOU J.Aspirin bilayer tablets prepared with3D printer for drug controlled
release[J].Chin Pharm J(中国药学杂志)，2017，52(4) : 298–302.

［34］ ROWE C W，KATSTRA W E，PALAZZOLO R D，et al.Multimechanism oral dosage
forms fabricated by three dimensional printing[J].J Control Release，2000，66(1) : 11–17.

［35］ MARONI A，MELOCCHI A，PARIETTI F，et al.3D printed multi–compartment capsular
devices for two–pulse oral drug delivery[J].J Control Release，2017，268 : 10–18.